LINEARE ALGEBRA

für Ingenieure, Chemiker und Naturwissenschafter

Christian Blatter
Professor für Mathematik
an der ETH Zürich

vdf Verlag der Fachvereine Zürich

1989
© Verlag der Fachvereine
an den schweizerischen Hochschulen und Techniken, Zürich

ISBN 3 7281 1696 3

Inhaltsverzeichnis

1. Literatur

1.1. "Theorie"

P. R. Halmos: *Finite dimensional vector spaces.* 2. Aufl., Princeton 1958

H. J. Kowalsky: *Lineare Algebra.* Berlin 1963

W. H. Greub: *Linear algebra.* 3. Aufl., Berlin 1967

1.2. "Anwendung"

F. R. Gantmacher: *Matrizenrechnung, Bd. I + II.* 3. Aufl., Berlin 1970

G. Strang: *Linear algebra and its applications.* New York 1976

G. Golub + Ch. van Loan: *Matrix computations.* Baltimore 1983

2. Einführung

Um das Feld der linearen Algebra einigermassen abzustecken, beginnen wir mit einer Reihe von Beispielen und zugehörigen Fragen. Für einige der angezogenen Problemkreise werden wir in den folgenden Abschnitten eine allgemeine Theorie bringen, für andere verweisen wir auf die Literaturliste.

2.1. Lineare Gleichungssysteme

Betrachte das System

$$x + 3y - z = 2$$
$$x - y + z = 0$$

von zwei Gleichungen in drei Unbekannten. Gesucht ist eine "Liste" aller Lösungen (x, y, z). Werden die beiden Gleichungen addiert, so ergibt sich $2x + 2y = 2$, also

$$x = 1 - y;$$

analog erhält man durch Subtraktion der ersten Gleichung von der zweiten nacheinander $-4y + 2z = -2$,

$$z = 2y - 1.$$

Hiernach sind x und z bestimmt, wenn y gegeben ist; y scheint "beliebig" zu sein. Die "Liste" aller Lösungen würde demnach folgendermassen aussehen:

$$\left. \begin{array}{l} x = 1 - t \\ y = t \\ z = 2t - 1 \end{array} \right\} \quad (t \in \mathbb{R}).$$

Das ist so zu interpretieren: Für jeden reellen Wert der Hilfsvariablen t erhält man eine Lösung (x, y, z) des ursprünglichen Gleichungssystems.

Multipliziert man die beiden Gleichungen des Systems

$$6x - 9y = 5$$
$$-4x + 6y = 1 \tag{1}$$

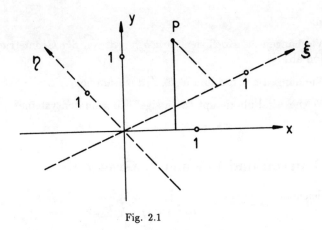

Fig. 2.1

mit 2 bzw. 3 und addiert, so folgt

$$0x + 0y = 13. \tag{2}$$

Jede Lösung (x, y) des Systems (1) erfüllt auch die "unmögliche" Relation (2). Hieraus folgt: Das System (1) besitzt keine Lösung.

Das System

$$x + 2y = 5$$
$$-2x + 3y = 4$$

schliesslich besitzt genau eine Lösung: Multipliziert man die beiden Gleichungen mit 2 bzw. 1 und addiert, so erhält man zunächst $7y = 14$, also $y = 2$; anschliessend folgt $x = 1$. Die Lösung lautet demnach: $(x, y) = (1, 2)$.

Fragen:

(a) Wann hat ein System von m Gleichungen in n Unbekannten Lösungen, und wieviele?

(b) Wie kann man die Lösungen systematisch finden?

2.2. Koordinatentransformationen

Die "alten" Koordinaten (x, y) und die "neuen" Koordinaten (ξ, η) eines allgemeinen Punktes P in der Ebene (Fig. 2.1) sind miteinander verknüpft durch Formeln der folgenden Art:

$$\begin{aligned} x &= a\xi + b\eta \\ y &= c\xi + d\eta \end{aligned} \quad \text{bzw.} \quad \begin{aligned} \xi &= a'x + b'y \\ \eta &= c'x + d'y \end{aligned} \quad .$$

Fragen:

(a) Wie hängen die Koeffizienten $a, b, \ldots, d'$ von der Geometrie dieser Situation ab?

(b) Wie hängen a, b, c, d und a', b', c', d' zusammen?

(c) Welches sind überhaupt "zulässige" Koordinatensysteme?

2.3. Kurven und Flächen 2. Grades

Die Gleichung

$$5x^2 + 6xy + 5y^2 = 8 \tag{3}$$

beschreibt einen Kegelschnitt K in der (x, y)-Ebene. Es sollen der Typ und die Halbachsen von K bestimmt werden. Hierzu führen wir vermöge

$$\begin{aligned} x &= \frac{1}{\sqrt{2}}\xi + \frac{1}{\sqrt{2}}\eta \\ y &= -\frac{1}{\sqrt{2}}\xi + \frac{1}{\sqrt{2}}\eta \end{aligned} \tag{4}$$

in der Ebene neue Koordinaten (ξ, η) ein. (Dies entspricht einer Drehung des Koordinatensystems um $-45°$, siehe die Fig. 2.2).

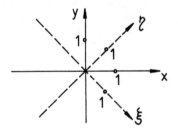

Fig. 2.2

Durch Einsetzen von (4) in (3) erhält man als Gleichung von K in den neuen Koordinaten nacheinander

$$5 \cdot \frac{1}{2}(\xi^2 + 2\xi\eta + \eta^2) + 6 \cdot \frac{1}{2}(-\xi^2 + \eta^2) + 5 \cdot \frac{1}{2}(\xi^2 - 2\xi\eta + \eta^2) = 8,$$

$$4\xi^2 + 16\eta^2 = 16,$$

$$\frac{\xi^2}{4} + \eta^2 = 1.$$

K erweist sich damit als Ellipse mit den Halbachsen 2 und 1.

Fragen:

(a) Wie findet man die "richtige" Koordinatentransformation?

(b) Lassen sich die Halbachsen unter Umständen ohne vorgängige Bestimmung der Transformation (4) berechnen?

2.4. Abbildungen $R^3 \to R^2$

Soll ein räumliches Objekt, etwa ein Molekül mit Atomen an den Stellen

$$P_k = (x_k, y_k, z_k) \qquad (1 \le k \le N),$$

auf einem zweidimensionalen Bildschirm mit Koordinaten (ξ, η) zur Darstellung gebracht werden (Fig. 2.3), so sind zunächst die Bilder $\bar{e}_x, \bar{e}_y, \bar{e}_z$ der Einheitspunkte

$$e_x := (1,0,0), \quad e_y := (0,1,0), \quad e_z := (0,0,1)$$

festzulegen. Es sei also

$$\bar{e}_x := (\alpha, \beta), \quad \bar{e}_y := (\gamma, \delta), \quad \bar{e}_z := (\epsilon, \zeta).$$

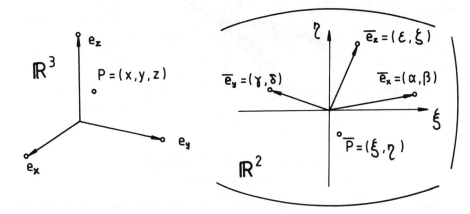

Fig. 2.3

Das Bild $\bar{P} = (\xi, \eta)$ eines allgemeinen Punktes $P = (x, y, z) \in \mathbb{R}^3$ berechnet sich dann nach folgenden Formeln:

$$\xi = \alpha x + \gamma y + \epsilon z$$
$$\eta = \beta x + \delta y + \zeta z$$

$(\alpha, \beta, \ldots, \zeta$ sind Konstante!). Die Koordinaten des Bildpunktes $\bar{P}$ sind also lineare Funktionen der Koordinaten von P.

2.5. Diskussion von Gleichgewichtslagen

Ein Massenpunkt m sei mit Hilfe von Zug- und Druckfedern mehrfach aufgehängt (Fig. 2.4) und an der Stelle $(0, 0, 0)$ im Gleichgewicht. Um zu entscheiden, ob dieses Gleichgewicht labil oder stabil ist, müssen wir die Veränderung ΔV der potentiellen Energie betrachten, wenn m von $(0, 0, 0)$ aus in eine benachbarte Lage (x, y, z) gebracht wird. In Formeln sieht das typischer Weise so aus:

$$\Delta V = x^2 - 4xy + 2xz + 3y^2 - 2yz + 4z^2, \tag{5}$$

wobei sich die auftretenden Zahlenkoeffizienten aus der Anordnung und Stärke der Federn ergeben. Mit Hilfe "quadratischer Ergänzung" lässt sich (5) schrittweise verwandeln in

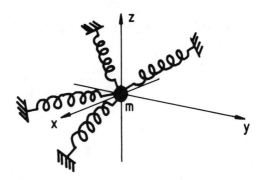

Fig. 2.4

$$\Delta V = (x - 2y + z)^2 - y^2 + 2yz + 3z^2$$
$$= (x - 2y + z)^2 - (y - z)^2 + 4z^2.$$

Hier hat ein Summand negatives Vorzeichen; somit ist $\Delta V < 0$ für gewisse Lagen (x, y, z), zum Beispiel für $(x, y, z) := (2, 1, 0)$, und das fragliche Gleichgewicht ist labil.

Fragen:

(a) Was lässt sich allgemein ber derartige Polynome zweiten Grades in mehreren Variablen sagen?

(b) Wie lassen sie sich systematisch auf eine Summe von Quadraten reduzieren?

2.6. Schwingungen von mechanischen Systemen

Zwei horizontal bewegliche Massen seien mit Federn an gegenüberliegenden Wänden befestigt und aneinander gekoppelt (Fig. 2.5). Ein derartiges mechanisches System besitzt bekanntlich charakteristische Schwingungsfrequenzen, sogenannte *Eigenfrequenzen*. Ist das System mit $x_1 = 0$, $x_2 = 0$ im Gleichgewicht, so gehorcht es Bewegungsgleichungen der folgenden Art:

$$m_1 \ddot{x}_1 = \alpha x_1 + \kappa x_2$$
$$m_2 \ddot{x}_2 = \kappa x_1 + \beta x_2$$

(6)

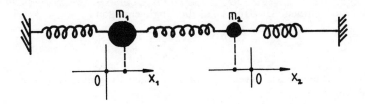

Fig. 2.5

Die Gleichungen (6) konstituieren ein sogenanntes *System von linearen homogenen Differentialgleichungen mit konstanten Koeffizienten*.

Fragen:

(a) Wie lassen sich die Eigenfrequenzen aus den Systemdaten m_1, m_2, α, β, κ berechnen?

(b) Gibt es eine allgemeine Theorie derartiger Systeme und ihrer Bewegungstypen?

2.7. Lineare Programmierung

Ein Betrieb kann zwei Güter G_k ($k = 1, 2$) produzieren. Eine Einheit des Gutes G_k kostet a_k Franken an Rohstoffen und b_k Arbeitsstunden; sie liefert anderseits p_k Franken Gewinn. Insgesamt stehen a Franken und b Arbeitsstunden zur Verfügung. Wieviel von jedem Gut muss man produzieren, um einen möglichst grossen Gewinn zu erzielen?

Jedes denkbare Produktionsprogramm P ist von der Form "x_1 Einheiten G_1 und x_2 Einheiten G_2", ist also im wesentlichen ein Zahlenpaar (x_1, x_2) und kann somit als Punkt im ersten Quadranten der (x_1, x_2)-Ebene dargestellt werden (Fig. 2.6).

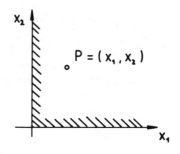

Fig. 2.6

Zulässig sind nur diejenigen Programme P, die mit den vorhandenen Ressourcen auskommen. Dies führt auf die Ungleichungen

$$a_1 x_1 + a_2 x_2 \leq a,$$
$$b_1 x_1 + b_2 x_2 \leq b.$$

Auf dem verbleibenden Bereich B von zulässigen Programmen (x_1, x_2) ist nun die *Zielfunktion*

$$\Phi(x_1, x_2) := p_1 x_1 + p_2 x_2$$

zu maximieren. Hierzu überlegen wir folgendermassen (Fig. 2.7):

Die "Programme gleichen Gewinns" liegen auf parallelen Geraden der Steigung $-p_1/p_2$; weiter rechts liegenden Geraden entspricht dabei ein grösserer Gewinn. Verschiebt man daher eine bewegliche derartige Gerade von links über B hinweg soweit nach rechts, dass man gerade noch einen Punkt $(x_1, x_2) \in B$ trifft, so hat man das optimale Programm gefunden: Alle anderen zulässigen Programme liefern einen kleineren Gewinn.

Fragen:

(a) Allgemeine Theorie?

(b) Wie findet man die Lösung bei sehr vielen Variablen und Bedingungen?

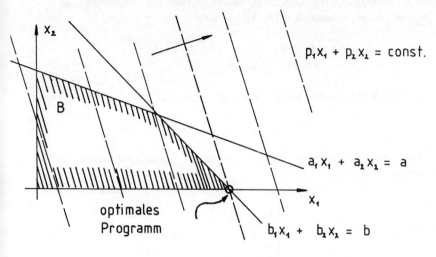

$$p_1 x_1 + p_2 x_2 = \text{const.}$$

$$a_1 x_1 + a_2 x_2 = a$$

optimales
Programm

$$b_1 x_1 + b_2 x_2 = b$$

Fig. 2.7

2.8. Vektoren im euklidischen Raum

Es sei E der dreidimensionale euklidische Raum und $O \in E$ ein fest gewählter Ursprung (Fig. 2.8). Zwei in O angeheftete Vektoren **a** und **b** lassen sich addieren gemäss dem "Parallelogramm der Kräfte", ferner lässt sich jeder Vektor **a** mit einer beliebigen reellen Zahl λ "strecken".

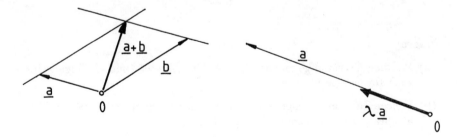

Fig. 2.8

Wird in E ein Koordinatensystem eingeführt, so erhält damit auch jeder in O angeheftete Vektor **a** drei Koordinaten, nämlich die Koordinaten der Spitze $A = (a_1, a_2, a_3)$ von **a**. Man schreibt kurzer Hand **a** $= (a_1, a_2, a_3)$. Die drei speziellen Vektoren (Fig. 2.9)

$$\mathbf{e}_1 := (1, 0, 0), \quad \mathbf{e}_2 := (0, 1, 0), \quad \mathbf{e}_3 := (0, 0, 1)$$

sind die zu dem gewählten Koordinatensystem gehörigen *Basisvektoren*.
Ist $\mathbf{a} = (a_1, a_2, a_3)$ und $\mathbf{b} = (b_1, b_2, b_3)$, so gilt

$$\mathbf{a} + \mathbf{b} = (a_1 + b_1, a_2 + b_2, a_3 + b_3),$$
$$\lambda \mathbf{a} = (\lambda a_1, \lambda a_2, \lambda a_3)$$

(müsste eigentlich bewiesen werden!); insbesondere ist

$$\mathbf{a} = a_1 \mathbf{e}_1 + a_2 \mathbf{e}_2 + a_3 \mathbf{e}_3,$$

das heisst: Jeder Vektor $\mathbf{a}$ ist eine wohlbestimmte *Linearkombination* der Basisvektoren.

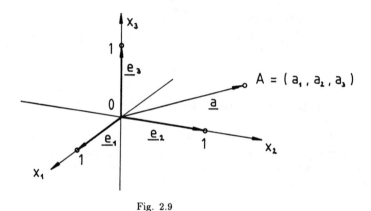

Fig. 2.9

Fragen:

(a) Welchen Gesetzen gehorchen die hier betrachteten (und allfällige weitere, s.u.) Rechenoperationen?

(b) Welche Zusammenhänge bestehen zwischen geometrischer ("Vektor") und algebraischer ("Zahlentripel") Sprechweise?

2.9. Bezeichnungen

Wir verwenden die folgenden Bezeichnungen:

$\mathbb{N} := \{0, 1, 2, \ldots\}$,

$\mathbb{N}^* := \{1, 2, 3, \ldots\}$,

$\mathbb{R} :=$ reelle Zahlen,

$\mathbb{C} :=$ komplexe Zahlen.

Variable für

– natürliche Zahlen:	$i, j, k, l, m, n, p, q, r$
– reelle (ev. komplexe) Zahlen:	a, b, c, x, y, z (im allgemeinen mit Index: a_{ik}, x_j); $\alpha, \beta, \ldots, \lambda, \ldots, \omega$
– Vektoren:	a, b, c, e, x, y (gelegentlich mit Index: $e_1, \ldots, e_n$, oder mit hochgestelltem Index: $x^0, v^{(j)}$)

3. Matrizen

3.1. Begriffe und Bezeichnungen

Es sei $n \geq 1$ eine vorgegebene natürliche Zahl. Eine in Klammern einge-
schlossene Liste

$$(x_1, x_2, \ldots, x_n)$$

von n reellen Zahlen x_i $(1 \leq i \leq n)$ heisst ein *(geordnetes) n-Tupel*. Zwei
n-Tupel $(x_1, x_2, \ldots, x_n)$ und $(y_1, y_2, \ldots, y_n)$ sind nur dann gleich, wenn sie an
allen Stellen übereinstimmen, das heisst, wenn simultan gilt

$$x_1 = y_1, \quad x_2 = y_2, \ldots, \quad x_n = y_n.$$

Die Menge aller (reellen) n-Tupel bezeichnet man mit $\mathbb{R}^n$. Auf $\mathbb{R}^n$ ist eine
Addition und eine *"äussere" Multiplikation* mit reellen Zahlen in naheliegender
Weise wie folgt erklärt:

$$(x_1, \ldots, x_n) + (y_1, \ldots, y_n) := (x_1 + y_1, \ldots, x_n + y_n)$$
$$\lambda(x_1, \ldots, x_n) := (\lambda x_1, \ldots, \lambda x_n) \qquad (\lambda \in \mathbb{R}). \qquad (1)$$

Im Zusammenhang mit n-Tupeln oder Vektoren werden gewöhnliche reelle
Zahlen, etwa das λ in (1), gelegentlich auch *Skalare* genannt.

Merke: Ein n-Tupel ist *ein* Ding und kann daher mit *einem* Buchstaben
bezeichnet werden. Wir halten uns an die folgende typographische Konvention:

$$(x_1, x_2, \ldots, x_n) =: x.$$

¶1.

$$(2, -1, 0, 1) + (5, 3, -7, 0) = (7, 2, -7, 1),$$
$$6(-1, 0, 0, 1, 2) = (-6, 0, 0, 6, 12),$$
$$(3, -2, 1, 0, 5) + (6, 1, 2) = \text{undefiniert},$$

$$\sum_{k=0}^{4} (1, k, 2^k) = \left(\sum_{k=0}^{4} 1, \ \sum_{k=0}^{4} k, \ \sum_{k=0}^{4} 2^k \right)$$

$$= \left(5 \cdot 1, \ \frac{4 \cdot 5}{2}, \ \frac{2^5 - 1}{2 - 1} \right)$$

$$= (5, 10, 31).$$

¶

Es seien $m \geq 1, n \geq 1$ vorgegebene natürliche Zahlen. Ein in eckige Klammern gesetztes rechteckiges Schema von $m \cdot n$ Zahlen

$$a_{ik} \in \mathbb{R} \qquad (1 \leq i \leq m,\ 1 \leq k \leq n) \tag{2}$$

heisst eine $(m \times n)$-*Matrix*. Der erste Index numeriert die Zeilen, der zweite die Kolonnen (Spalten); im übrigen können als Indexvariable einer bestimmten Matrix irgend zwei verschiedene Buchstaben dienen. In diesem Sinne definieren zum Beispiel

$$a_{ik} := i + k \qquad (1 \leq i \leq 2,\ 1 \leq k \leq 3)$$

und

$$a_{jl} := j + l \qquad (1 \leq j \leq 2,\ 1 \leq l \leq 3)$$

dieselbe Matrix, nämlich

$$\begin{bmatrix} 2 & 3 & 4 \\ 3 & 4 & 5 \end{bmatrix}.$$

Weitere Begriffe sind dem nachstehenden "Bild" einer $(m \times n)$-Matrix zu entnehmen:

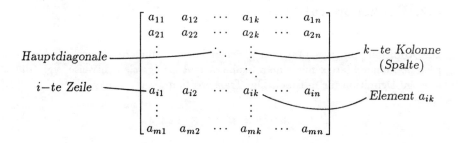

Eine $(n \times n)$-Matrix heisst eine *n-reihige quadratische Matrix* oder eine *quadratische Matrix der Ordnung* n. Eine $(1 \times n)$-Matrix

$$\begin{bmatrix} a_1 & a_2 & \cdots & a_n \end{bmatrix}$$

(nur 1 Index notwendig!) ist ein *Zeilenvektor*, eine $(m \times 1)$-Matrix ein *Kolonnenvektor*. Folgende Konvention hat sich bewährt: Sind $x_1, x_2, \ldots, x_n$ reelle Zahlen (bzw. Variable für reelle Zahlen), so bezeichnet x je nach Zusammenhang das n-Tupel $(x_1, \ldots, x_n)$ oder den Kolonnenvektor

$$\begin{bmatrix} x_1 \\ x_2 \\ \vdots \\ x_n \end{bmatrix},$$

und x' bezeichnet den Zeilenvektor $[x_1 \ x_2 \ \cdots \ x_n]$. Die Matrix mit Elementen
(2) bezeichnet man mit $[a_{ik}]$ oder einfach mit A.

Im weiteren verwenden wir auch die folgenden Bezeichnungen, die sich fast
selbst erklären:

$$\mathrm{col}_k(A) := (a_{1k}, a_{2k}, \ldots, a_{mk}),$$
$$\mathrm{row}_i(A) := (a_{i1}, a_{i2}, \ldots, a_{in}),$$
$$\mathrm{elm}_{ik}(A) := a_{ik}.$$

Zwei Matrizen sind nur dann gleich, wenn sie das gleiche Format besitzen
und elementweise übereinstimmen. Die Menge aller $(m \times n)$-Matrizen bezeich-
nen wir mit $\mathbb{R}^{m \times n}$ (bzw. mit $\mathbb{C}^{m \times n}$, wenn es sich um Matrizen mit komplexen
Elementen handelt).

3.2. Rechenoperationen

Die *Addition* von zwei Matrizen gleichen Formats und die "äussere" *Multiplikation* einer Matrix mit einem Skalar $\lambda \in \mathbb{R}$ erfolgt elementweise, vgl. die
analoge Definition für n-Tupel. Die *Transposition*

$$' : \quad \mathbb{R}^{m \times n} \to \mathbb{R}^{n \times m}, \quad A \mapsto A'$$

verwandelt jede $(m \times n)$-Matrix in eine $(n \times m)$-Matrix durch "Spiegelung an
der Hauptdiagonalen", in Formeln:

$$a'_{ik} := a_{ki} \qquad (1 \le i \le n, \quad 1 \le k \le m).$$

Natürlich ist $A'' = A$; weiter hat man zum Beispiel (in Übereinstimmung mit
der obigen Konvention)

$$\begin{bmatrix} x_1 \\ x_2 \\ \vdots \\ x_n \end{bmatrix}' = [x_1 \ x_2 \ \cdots \ x_n].$$

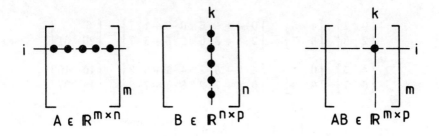

Fig. 3.1

¶2.

$$\begin{bmatrix} 1 & 2 \\ 3 & 4 \end{bmatrix} + \begin{bmatrix} 5 & 6 \\ 7 & 8 \end{bmatrix} = \begin{bmatrix} 6 & 8 \\ 10 & 12 \end{bmatrix},$$

$$(1-\lambda) \begin{bmatrix} 1 & \lambda^2 & 0 \\ 1+\lambda & -\lambda & 4 \end{bmatrix} = \begin{bmatrix} 1-\lambda & \lambda^2 - \lambda^3 & 0 \\ 1-\lambda^2 & \lambda^2 - \lambda & 4-4\lambda \end{bmatrix},$$

$$\begin{bmatrix} 2 & 3 \\ 1 & 0 \end{bmatrix} + \begin{bmatrix} 0 & 3 \\ 1 & 4 \\ 2 & 5 \end{bmatrix} = \text{undefiniert},$$

$$\begin{bmatrix} 0 & 1 & 2 \\ 3 & 4 & 5 \end{bmatrix}' = \begin{bmatrix} 0 & 3 \\ 1 & 4 \\ 2 & 5 \end{bmatrix},$$

$$A \in \mathbb{R}^{2 \times 2}, \quad A' = A \quad \Rightarrow \quad A = \begin{bmatrix} \alpha & \beta \\ \beta & \gamma \end{bmatrix}. \qquad ¶$$

Das Wichtigste kommt erst: Zwei zueinander passende Matrizen lassen sich auch miteinander multiplizieren. Wir definieren das Matrizenprodukt zunächst rein formal und werden erst im weiteren Verlauf sehen, dass es sich um eine überaus sinnvolle und natürliche Einrichtung handelt.

Das *Produkt* AB einer $(m \times n)$-Matrix $A = [a_{ij}]$ und einer $(n \times p)$-Matrix $B = [b_{jk}]$ ist eine $(m \times p)$-Matrix, deren Elemente c_{ik} wie folgt erhalten werden:

$$c_{ik} := \sum_{j=1}^{n} a_{ij} b_{jk}$$

$$= a_{i1} b_{1k} + a_{i2} b_{2k} + \cdots + a_{in} b_{nk}.$$

Anders ausgedrückt, es ist

$$\text{elm}_{ik}(AB) = \text{row}_i(A) \bullet \text{col}_k(B)$$

(siehe die Fig. 3.1), wobei der Punkt $\bullet$ das *Skalarprodukt* (s.u.) bezeichnet:

$$x \bullet y := \sum_{j=1}^{n} x_j y_j \qquad (x, y \in \mathbb{R}^n). \qquad (3)$$

¶3.

$$\begin{bmatrix} 0 & 1 \\ 2 & 3 \end{bmatrix} \cdot \begin{bmatrix} 4 & 5 \\ 6 & 7 \end{bmatrix} = \begin{bmatrix} 0\cdot 4+1\cdot 6 & 0\cdot 5+1\cdot 7 \\ 2\cdot 4+3\cdot 6 & 2\cdot 5+3\cdot 7 \end{bmatrix} = \begin{bmatrix} 6 & 7 \\ 26 & 31 \end{bmatrix},$$

$$\begin{bmatrix} 4 & 5 \\ 6 & 7 \end{bmatrix} \cdot \begin{bmatrix} 0 & 1 \\ 2 & 3 \end{bmatrix} = \begin{bmatrix} 4\cdot 0+5\cdot 2 & 4\cdot 1+5\cdot 3 \\ 6\cdot 0+7\cdot 2 & 6\cdot 1+7\cdot 3 \end{bmatrix} = \begin{bmatrix} 10 & 19 \\ 14 & 27 \end{bmatrix},$$

$$\begin{bmatrix} 0 & 1 & 2 \\ 3 & 4 & 5 \end{bmatrix} \cdot \begin{bmatrix} 6 & 7 \\ 8 & 9 \end{bmatrix} = \text{undefiniert},$$

$$\begin{bmatrix} 0 & 1 & 2 \\ 3 & 4 & 5 \end{bmatrix} \cdot \begin{bmatrix} 6 \\ 7 \\ 8 \end{bmatrix} = \begin{bmatrix} 23 \\ 86 \end{bmatrix}.$$

Das allgemeine lineare Gleichungssystem

$$a_{11}x_1 + a_{12}x_2 + \ldots + a_{1n}x_n = c_1$$
$$a_{21}x_1 + a_{22}x_2 + \ldots + a_{2n}x_n = c_2$$
$$\vdots$$
$$a_{m1}x_1 + a_{m2}x_2 + \ldots + a_{mn}x_n = c_m$$

von m Gleichungen in n Unbekannten schreibt sich kondensiert in der Form

$$\begin{bmatrix} a_{11} & a_{12} & \cdots & a_{1n} \\ \vdots & & & \\ a_{m1} & a_{m2} & \cdots & a_{mn} \end{bmatrix} \cdot \begin{bmatrix} x_1 \\ x_2 \\ \vdots \\ x_n \end{bmatrix} = \begin{bmatrix} c_1 \\ \vdots \\ c_m \end{bmatrix} \qquad (4)$$

bzw. noch kürzer: $Ax = c$.   ¶

Dem Bild (4) entnimmt man: Ist $A \in \mathbb{R}^{m\times n}$ und $x \in \mathbb{R}^n$ $(= \mathbb{R}^{n\times 1})$, so ist $Ax \in \mathbb{R}^m$ $(= \mathbb{R}^{m\times 1})$.

Wir notieren noch die folgenden Spezialfälle:

Sind x und y zwei n-Tupel bzw. Vektoren, so ist das Matrizenprodukt

$$x' \cdot y = [x_1\ x_2\ \cdots\ x_n] \cdot \begin{bmatrix} y_1 \\ y_2 \\ \vdots \\ y_n \end{bmatrix} = \left[\sum_{j=1}^{n} x_j y_j\right]$$

eine (1×1)-Matrix, also im wesentlichen eine Zahl, nämlich das Skalarprodukt $x \bullet y$ der Vektoren x und y.

Eine quadratische Matrix der Form

$$\begin{bmatrix} \lambda_1 & 0 & 0 & & & 0 \\ 0 & \lambda_2 & 0 & & & \\ 0 & 0 & \ddots & & & \\ \vdots & & & \ddots & & \\ & & & & \lambda_{n-1} & 0 \\ 0 & & & & 0 & \lambda_n \end{bmatrix} =: \mathrm{diag}(\lambda_1, \lambda_2, \ldots, \lambda_n)$$

heisst *Diagonalmatrix*. Wird eine beliebige Matrix von links mit einer Diagonalmatrix multipliziert, so zeigt sich folgendes:

$$\begin{bmatrix} \lambda_1 & & & \\ & \lambda_2 & & \\ & & \ddots & \\ & & & \lambda_n \end{bmatrix} \begin{bmatrix} a_{11} & \cdots & a_{1p} \\ a_{21} & \cdots & a_{2p} \\ \vdots & & \\ a_{n1} & \cdots & a_{np} \end{bmatrix} = \begin{bmatrix} \lambda_1 a_{11} & \lambda_1 a_{12} & \cdots & \lambda_1 a_{1p} \\ \lambda_2 a_{21} & \lambda_2 a_{22} & \cdots & \lambda_2 a_{2p} \\ \vdots & & & \\ \lambda_n a_{n1} & \lambda_n a_{n2} & \cdots & \lambda_n a_{np} \end{bmatrix},$$

die einzelnen Zeilen von A werden also bzw. mit den Faktoren $\lambda_1, \ldots, \lambda_n$ multipliziert.

Insbesondere ist

$$I = I_m := \mathrm{diag}(\underbrace{1, 1, \ldots, 1}_{m})$$

die *Einheitsmatrix* der Ordnung m. Für beliebige $A \in \mathbb{R}^{m \times n}$ gilt

$$I_m A = A I_n = A.$$

Sind A und B zwei n-reihige quadratische Matrizen und ist ("zufällig") $AB = I$, so gilt auch $BA = I$ (das ist gar nicht selbstverständlich!). Man nennt dann B die zu A inverse Matrix und schreibt dafür A^{-1}. Nicht jede quadratische Matrix hat eine Inverse!

¶4. Es ist

$$\begin{bmatrix} 1 & 0 \\ 0 & 0 \end{bmatrix} \cdot \begin{bmatrix} b_{11} & b_{12} \\ b_{21} & b_{22} \end{bmatrix} = \begin{bmatrix} b_{11} & b_{12} \\ 0 & 0 \end{bmatrix} \neq I_2$$

für alle $B \in \mathbb{R}^{2 \times 2}$. Die Matrix $A := \mathrm{diag}(1, 0)$ besitzt somit keine Inverse. ¶

Das Matrizenprodukt genügt den folgenden Rechenregeln, die wir hier ohne Beweis anführen:

Satz 1.

(a) $\qquad A(B+C) = AB + AC, \qquad (A+B)C = AC + BC;$

(b) $\qquad\qquad (\lambda A)B = A(\lambda B) = \lambda(AB);$

(c) $\qquad\qquad (AB)C = A(BC) \qquad\quad (Assoziativgesetz);$

(d) *Sind* $A, B \in \mathbb{R}^{n \times n}$ *beide invertierbar, so auch* AB, *und es gilt*

$$(AB)^{-1} = B^{-1} A^{-1};$$

(e) $\qquad\qquad\qquad (AB)' = B'A' \,.$

4. Koordinatentransformationen

4.1. Transformationsformeln

Wird im zwei-, drei-, allgemein: n-dimensionalen euklidischen Erfahrungs-raum E (Fig. 4.1) ein Koordinatensystem eingeführt, so erscheinen die "geometrischen" Punkte $P \in E$ als Zahlenpaare, -tripel bzw. allgemein als n-Tupel $(x_1, \ldots, x_n)$. Anders ausgedrückt: Man hat eine bijektive Beziehung $E \leftrightarrow \mathbb{R}^n$ hergestellt. Dabei gehören zu den Einheitspunkten auf den Koordinatenachsen die speziellen n-Tupel

$$e_i := (0, \ldots, 0, 1, 0, \ldots, 0) \qquad (1 \le i \le n), \qquad (1)$$
$$\uparrow$$
$$i\text{-te Stelle}$$

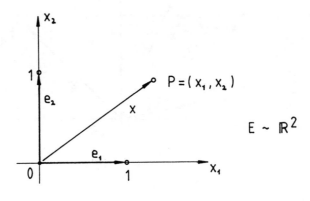

Fig. 4.1

die zusammen die sogenannte *Standardbasis* des $\mathbb{R}^n$ bilden. Für einen beliebigen Vektor $x \in \mathbb{R}^n$ gilt

$$x = (x_1, x_2, \ldots, x_n) = \sum_{i=1}^{n} x_i e_i.$$

Welche rechnerischen Vorgänge spielen sich ab, wenn wir (etwa bei der Behandlung eines konkreten geometrischen Problems) unter Beibehaltung des Ursprungs zu einem neuen Koordinatensystem übergehen, d.h. die vorhandene *alte Basis* (1) und die zugehörigen *alten Koordinaten* (-funktionen) $x_1, \ldots, x_n$ ersetzen durch eine dem betreffenden Problem besonders angepasste *neue Basis* $\bar{e}_1, \ldots, \bar{e}_n$ mit zugehörigen *neuen Koordinaten* $\bar{x}_1, \ldots, \bar{x}_n$?

Zunächst besitzen die (im wesentlichen frei wählbaren) neuen Basisvektoren alte Koordinaten, das heisst, es gilt

$$\bar{e}_1 = \begin{bmatrix} t_{11} \\ t_{21} \\ \vdots \\ t_{n1} \end{bmatrix}, \ \ldots, \ \bar{e}_n = \begin{bmatrix} t_{1n} \\ t_{2n} \\ \vdots \\ t_{nn} \end{bmatrix} \tag{2}$$

(Fig. 4.2) mit gewissen Zahlen t_{ik} ($1 \leq i \leq n$, $1 \leq k \leq n$). Die Relationen (2) lassen sich auch folgendermassen schreiben:

$$\bar{e}_k = \sum_{i=1}^{n} t_{ik} e_i \qquad (1 \leq k \leq n). \tag{3}$$

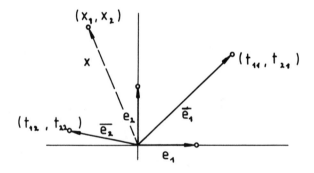

Fig. 4.2

Die Matrix

$$\begin{bmatrix} t_{11} & \cdots & \cdots & t_{1n} \\ t_{21} & & & \\ \vdots & & & \\ t_{n1} & & & t_{nn} \end{bmatrix} =: T$$

ist die *Transformationsmatrix* des betrachteten Koordinatenwechsels. Merke: In den Kolonnen von T stehen die alten Koordinaten der neuen Basisvektoren.

Wir betrachten nun die Wirkung der Transformation auf die Koordinaten. Ein allgemeiner Vektor x hat alte Koordinaten x_i $(1 \leq i \leq n)$ und neue Koordinaten $\bar{x}_k$ $(1 \leq k \leq n)$:

$$x = \sum_{i=1}^{n} x_i e_i \tag{4}$$

bzw.

$$x = \sum_{k=1}^{n} \bar{x}_k \bar{e}_k. \tag{5}$$

Setzen wir in (5) die Darstellung (3) der $\bar{e}_k$ ein, so ergibt sich

$$x = \sum_{k=1}^{n} \bar{x}_k \left(\sum_{i=1}^{n} t_{ik} e_i \right) = \sum_{\substack{1 \leq k \leq n \\ 1 \leq i \leq n}} \bar{x}_k t_{ik} e_i$$

$$= \sum_{i=1}^{n} \left(\sum_{k=1}^{n} t_{ik} \bar{x}_k \right) e_i,$$

das heisst, x ist nun als Linearkombination der alten Basisvektoren dargestellt. Dann müssen aber die Koeffizienten mit denen in (4) übereinstimmen. Somit gilt

$$x_i = \sum_{k=1}^{n} t_{ik} \bar{x}_k \qquad (1 \leq i \leq n). \tag{6}$$

Denkt man sich diese n Gleichungen untereinandergeschrieben, so resultiert die folgende Matrizengleichung:

Satz 1. *(T, x und $\bar{x}$ haben die angegebene Bedeutung)*

$$x = T\bar{x}. \tag{7}$$

Die Formeln (6) bzw. (7) liefern die alten Koordinaten in Funktion der neuen. Sie erlauben zum Beispiel, eine in den alten Variablen ausgedrückte Funktion oder Gleichung durch blosses Einsetzen auf die neuen Variablen umzurechnen. Betrachte hierzu nocheinmal Beispiel 2.¶3.

¶1. Eine Fläche im $\mathbb{R}^3$ besitzt die Gleichung

$$x_1 x_2 + x_2 x_3 + x_3 x_1 = 0. \tag{8}$$

Symmetrieerwägungen legen nahe, den Vektor

$$\bar{e}_1 := \frac{1}{\sqrt{3}}(1, 1, 1)$$

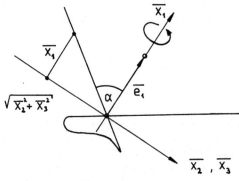

Fig. 4.3

als ersten neuen Basisvektor einzuführen. Dazu senkrecht wählen wir den Vektor

$$\bar{e}_2 := \frac{1}{\sqrt{2}}(1, -1, 0);$$

schliesslich bilden wir

$$\bar{e}_3 := \bar{e}_1 \times \bar{e}_2 = \frac{1}{\sqrt{6}}(1, 1, -2).$$

Dann ist die neue Basis wieder orthonormal (s.u.). Die Transformationsmatrix ist

$$T = \begin{bmatrix} 1/\sqrt{3} & 1/\sqrt{2} & 1/\sqrt{6} \\ 1/\sqrt{3} & -1/\sqrt{2} & 1/\sqrt{6} \\ 1/\sqrt{3} & 0 & -2/\sqrt{6} \end{bmatrix},$$

so dass sich aus (7) die folgenden Umrechnungsformeln ergeben:

$$\left. \begin{aligned} x_1 &= \frac{1}{\sqrt{3}}\bar{x}_1 + \frac{1}{\sqrt{2}}\bar{x}_2 + \frac{1}{\sqrt{6}}\bar{x}_3 \\ x_2 &= \frac{1}{\sqrt{3}}\bar{x}_1 - \frac{1}{\sqrt{2}}\bar{x}_2 + \frac{1}{\sqrt{6}}\bar{x}_3 \\ x_3 &= \frac{1}{\sqrt{3}}\bar{x}_1 \qquad\qquad - \frac{2}{\sqrt{6}}\bar{x}_3 \end{aligned} \right\} .$$

Wird das in (8) eingesetzt, so ergibt sich

$$\begin{aligned} 0 &= x_1 x_2 + (x_1 + x_2) x_3 \\ &= \left(\frac{1}{\sqrt{3}}\bar{x}_1 + \frac{1}{\sqrt{6}}\bar{x}_3\right)^2 - \frac{1}{2}\bar{x}_2^2 + \left(\frac{2}{\sqrt{3}}\bar{x}_1 + \frac{2}{\sqrt{6}}\bar{x}_3\right)\left(\frac{1}{\sqrt{3}}\bar{x}_1 - \frac{2}{\sqrt{6}}\bar{x}_3\right) \\ &= \bar{x}_1^2 - \frac{1}{2}\bar{x}_2^2 - \frac{1}{2}\bar{x}_3^2. \end{aligned}$$

Die betrachtete Fläche besitzt daher in den neuen Koordinaten die Gleichung

$$\bar{x}_1 = \pm \frac{1}{\sqrt{2}} \sqrt{\bar{x}_2^2 + \bar{x}_3^2}$$

(Fig. 4.3) und erweist sich damit als Rotations(doppel)kegel mit Achse $\bar{e}_1$ und halbem Öffnungswinkel $\alpha = \arctan\sqrt{2}$. ¶

Oft werden jedoch auch Formeln benötigt, die für einen gegebenen Basiswechsel

$$(e_1, \ldots, e_n) \to (\bar{e}_1, \ldots, \bar{e}_n)$$

die neuen Koordinaten durch die alten ausdrücken. Aus Analogiegründen müssen diese Formeln folgendermassen aussehen:

$$\bar{x}_k = \sum_{i=1}^{n} s_{ki} x_i \qquad (1 \le k \le n)$$

bzw.

$$\bar{x} = Sx. \tag{9}$$

Zwischen den Matrizen T und S besteht natürlich ein Zusammenhang, und zwar ist $S = T^{-1}$. Aus (7) und (9) folgt nämlich

$$x = T\bar{x} = T(Sx) = (TS)x,$$

und dies kan nur dann für alle $x \in \mathbb{R}^n$ zutreffen, wenn $TS = I_n$ ist. Wir können daher Satz 1 ergänzen durch

Satz 2. *(T, x und $\bar{x}$ wie vorher)*

$$\bar{x} = T^{-1} x. \tag{10}$$

¶2. Eine Kurve in der (x_1, x_2)-Ebene besitzt die Parameterdarstellung

$$\left. \begin{array}{l} x_1(t) = 2e^t - e^{-t} \\ x_2(t) = e^t + 2e^{-t} \end{array} \right\} \qquad (-\infty < t < \infty).$$

Um diese Kurve zu untersuchen, führen wir geeignetere Koordinaten ein. Der am nächsten beim Ursprung gelegene Punkt P_0 ist ein "spezieller" Punkt der Kurve; es liegt daher nahe, eine neue Koordinatenachse durch diesen Punkt zu legen. Die Funktion

$$\begin{aligned} \Phi(t) &:= x_1^2(t) + x_2^2(t) \\ &= 5e^{2t} + 5e^{-2t} = 10\cosh t \end{aligned}$$

ist minimal für $t = 0$, somit ist $P_0 = x(0) = (1,3)$. Wir setzen also $\bar{e}_1 := \frac{1}{\sqrt{10}}(1,3)$ und, um Orthonormalität zu erzielen, $\bar{e}_2 := \frac{1}{\sqrt{10}}(-3,1)$. Dies liefert die Transformationsmatrix

$$T = \frac{1}{\sqrt{10}} \begin{bmatrix} 1 & -3 \\ 3 & 1 \end{bmatrix} \quad ;$$

ihre Inverse ist gegeben durch

$$T^{-1} = \frac{1}{\sqrt{10}} \begin{bmatrix} 1 & 3 \\ -3 & 1 \end{bmatrix} \quad .$$

(Wie man darauf kommt, werden wir im nächsten Abschnitt sehen. Jedenfalls stimmt's.) Aufgrund von (10) erhält unsere Kurve in den neuen Koordinaten die Parameterdarstellung

$$\left. \begin{aligned} \bar{x}_1(t) &= \frac{1}{\sqrt{10}}(x_1 + 3x_2) = \frac{1}{\sqrt{10}}(5e^t + 5e^{-t}) \\ \bar{x}_2(t) &= \frac{1}{\sqrt{10}}(-3x_1 + x_2) = \frac{1}{\sqrt{10}}(-5e^t + 5e^{-t}) \end{aligned} \right\}$$

bzw.

$$\left. \begin{aligned} \bar{x}_1(t) &= \sqrt{10}\cosh t \\ \bar{x}_2(t) &= -\sqrt{10}\sinh t \end{aligned} \right\} \qquad (-\infty < t < \infty).$$

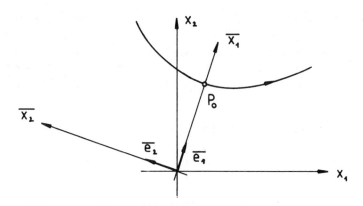

Fig. 4.4

In dieser Gestalt kommt nun die räumliche und zeitliche Symmetrie der ganzen Situation zum Vorschein (Fig. 4.4), und man erkennt, dass es sich bei dieser Kurve um den Ast einer Hyperbel handelt. Es ist nämlich

$$\bar{x}_1^2(t) - \bar{x}_2^2(t) \equiv 10.$$

¶

Zwei Bemerkungen sind hier am Platz:

(a) Bei einer zulässigen Koordinatentransformation muss die Inverse der Transformationsmatrix existieren. Das ist genau dann der Fall, wenn die neuen Basisvektoren $\bar{e}_1, \ldots, \bar{e}_n$ "linear unabhängig" sind, d.h. den ganzen $\mathbb{R}^n$ aufspannen und nicht in einem niedrigerdimensionalen Unterraum U liegen (siehe die Fig. 4.5). Genaueres folgt.

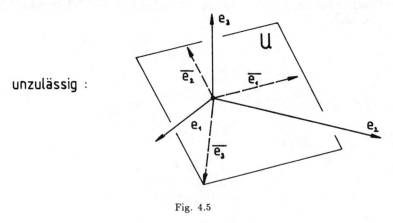

Fig. 4.5

(b) Zur vollständigen numerischen Beherrschung eines Basiswechsels wird die Inverse T^{-1} der Transformationsmatrix T benötigt. Vorläufig steht uns für allgemeines T keine praktikable Methode zur Berechnung von T^{-1} zur Verfügung. Die T^{-1} definierende Gleichung

$$T S = I$$

ist ein lineares Gleichungssystem von n^2 Gleichungen in n^2 Unbekannten s_{ik}. Durch clevere Organisation der Rechnung kann man dieses System mit $O(n^3)$ Operationen auflösen. Genaueres folgt.

4.2. Orthonormale Basen

Die theoretischen Betrachtungen in Abschnitt 4.1 gelten für einen beliebigen Basiswechsel. Die neuen Basisvektoren dürfen beliebige Länge haben und schief aufeinander stehen — sie müssen nur "linear unabhängig" sein. Geometrisch interessant ist natürlich der Fall, wo die neue Basis wieder orthonormal (s.u.) ist. Wie wir gleich sehen werden, stimmt in diesem Fall die Inverse T^{-1} der Transformationsmatrix T mit der Transponierten T' überein; man erhält also T^{-1} sozusagen gratis. (Davon wurde in Beispiel ¶2 schon Gebrauch gemacht.)

Wir müssen etwas weiter ausholen. Das Skalarprodukt (3.3) zweier Vektoren $x, y \in \mathbb{R}^n$ lässt sich folgendermassen geometrisch interpretieren: Zunächst ist

$$x \bullet x = \sum_{k=1}^{n} x_k^2 =: |x|^2$$

das Quadrat der Länge von x. Ist $|x| = 1$, so heisst x ein *Einheitsvektor*. Sind x und y beide $\neq 0$, so gilt

$$x \bullet y = |x||y| \cos \phi,$$

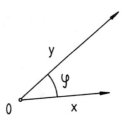

Fig. 4.6

wo $\phi \in [0, \pi]$ den von x und y eingeschlossenen Winkel bezeichnet (Fig. 4.6). Ist $x \bullet y = 0$, so ist $x = 0$ oder $y = 0$ oder $\phi = \pi/2$; jedenfalls heissen x und y dann zueinander *orthogonal*. Eine Basis, bestehend aus paarweise orthogonalen Einheitsvektoren, heisst *orthonormal* (auch: *orthonormiert*). Die Standardbasis $(e_1, \ldots, e_n)$ des $\mathbb{R}^n$ ist orthonormal, denn es gilt für alle i und k:

$$e_i \bullet e_k = (0, \ldots, 1, \ldots, 0) \bullet (0, \ldots, 1, \ldots, 0) = \delta_{ik},$$
$$\uparrow \qquad\qquad\qquad \uparrow$$
$$i-\text{te Stelle} \qquad k-\text{te Stelle}$$

wobei wir hier zum ersten Mal das handliche *Kronecker-Delta*, eine Funktion von zwei Indexvariablen:

$$\delta_{ik} := \begin{cases} 1 & \text{wenn } i = k \\ 0 & \text{wenn } i \neq k \end{cases},$$

benützt haben.

Was nun die allfällige Orthonormalität der neuen Basis $(\bar{e}_1, \ldots, \bar{e}_n)$ betrifft, so ist sie ebenfalls durch die n^2 Gleichungen

$$\bar{e}_i \bullet \bar{e}_k = \delta_{ik}$$

charakterisiert. Aufgrund der Definition der Transformationsmatrix T muss also für alle i und k gelten:

$$\mathrm{col}_i(T) \bullet \mathrm{col}_k(T) = \delta_{ik}.$$

Dies ist gleichbedeutend mit

$$\mathrm{row}_i(T') \bullet \mathrm{col}_k(T) = \delta_{ik}$$

und weiter nach Definition des Matrizenprodukts mit

$$\mathrm{elm}_{ik}(T'T) = \delta_{ik} \qquad (1 \le i \le n, \ 1 \le k \le n).$$

Diese n^2 Bedingungen lassen sich zusammenfassen zu der einzigen Matrizengleichung

$$T'T = I,$$

die T' als Inverse von T erweist: $T^{-1} = T'$. Matrizen mit dieser Eigenschaft heissen *orthogonale Matrizen*. Wir haben bewiesen:

Satz 3. *(T, e_i und $\bar{e}_k$ haben die angegebene Bedeutung.) Ist die neue Basis $(\bar{e}_1, \ldots, \bar{e}_n)$ wieder orthonormal, so ist die Transformationsmatrix T orthogonal, und umgekehrt.*

¶3. Wir bestimmen die sämtlichen orthogonalen 2×2-Matrizen. Die allgemeinste orthonormale Basis $(\bar{e}_1, \bar{e}_2)$ besitzt einen ersten Basisvektor

$$\bar{e}_1 = (\cos \phi, \sin \phi)$$

(Fig. 4.7), und der zweite Basisvektor ist notwendigerweise einer der beiden Vektoren $\pm(-\sin \phi, \cos \phi)$. Die zugehörigen Transformationsmatrizen haben die Gestalt

$$\begin{bmatrix} \cos \phi & -\sin \phi \\ \sin \phi & \cos \phi \end{bmatrix} \quad \text{bzw.} \quad \begin{bmatrix} \cos \phi & \sin \phi \\ \sin \phi & -\cos \phi \end{bmatrix} \qquad (\phi \in \mathbb{R}/2\pi).$$

Das sind schon alle orthogonalen Matrizen der Ordnung 2. ¶

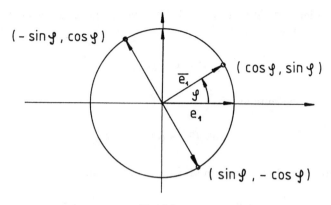

Fig. 4.7

¶4. Die allgemeinste "positiv orientierte" (s.u.) orthonormale Basis $(\bar{e}_1, \bar{e}_2, \bar{e}_3)$ des $\mathbb{R}^3$ wird folgendermassen erhalten (Fig. 4.8): Es sei θ der Winkel zwischen e_3 und $\bar{e}_3$. Wir setzen im Weiteren $0 < \theta < \pi$ voraus. Dann besitzen die (e_1, e_2)-Ebene und die $(\bar{e}_1, \bar{e}_2)$-Ebene eine wohlbestimmte Schnittgerade, die sogenannte *Knotenlinie*. Der Vektor

$$k := \frac{e_3 \times \bar{e}_3}{\sin \theta}$$

ist ein Einheitsvektor in der Knotenlinie und gehört damit beiden "Äquatorebenen" an. Es gibt daher erstens ein wohlbestimmtes $\phi \in \mathbb{R}/2\pi$ mit

$$k = \cos\phi\, e_1 + \sin\phi\, e_2$$

und zweitens ein wohlbestimmtes $\psi \in \mathbb{R}/2\pi$ mit

$$k = \cos\psi\, \bar{e}_1 - \sin\psi\, \bar{e}_2.$$

Die Winkel ϕ, θ, ψ heissen die *Eulerschen Winkel* der hier betrachteten Situation; sie bestimmen die Lage von $(\bar{e}_1, \bar{e}_2, \bar{e}_3)$ gegenber (e_1, e_2, e_3) vollständig. Man kann den Übergang vom alten Dreibein (e_1, e_2, e_3) zum neuen Dreibein $(\bar{e}_1, \bar{e}_2, \bar{e}_3)$ in drei Schritte zerlegen:

(a) Drehen um e_3, Drehwinkel ϕ;

(b) Kippen über k, Kippwinkel θ;

(c) Drehen um $\bar{e}_3$, Drehwinkel ψ.

Diese Zerlegung erlaubt, die Transformationsmatrix T als Produkt von einfachen Matrizen darzustellen (s.u.) und so direkt zu berechnen. Es ist also nicht nötig, die obigen Gleichungen nach $\bar{e}_1, \bar{e}_2, \bar{e}_3$ aufzulösen. Mit den Abkürzungen

$$\cos\phi =: c_\phi, \quad \sin\phi =: s_\phi \quad \text{usw.}$$

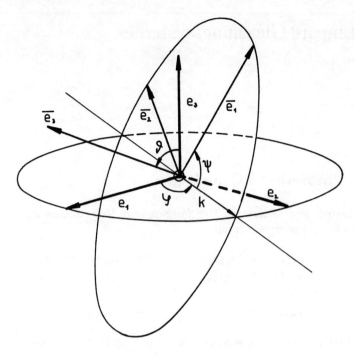

Fig. 4.8

ergibt sich:

$$T = \begin{bmatrix} c_\psi c_\phi - s_\psi c_\theta s_\phi & -s_\psi c_\phi - c_\psi c_\theta s_\phi & s_\theta s_\phi \\ c_\psi s_\phi + s_\psi c_\theta c_\phi & -s_\psi s_\phi + c_\psi c_\theta c_\phi & -s_\theta c_\phi \\ s_\psi s_\theta & c_\psi s_\theta & c_\theta \end{bmatrix} \quad .$$

Wer zum Beispiel die Bewegung eines Kreisels studieren will, muss sich mit dieser Matrix herumschlagen.   ¶

5. Lineare Gleichungssysteme

5.1. Theoretische Grundlagen

Ein *System von m linearen Gleichungen in n Unbekannten* $x_1, \ldots, x_n$ sieht allgemein folgendermassen aus:

$$
\begin{array}{rcl}
a_{11}x_1 \;+\; a_{12}x_2 \;+\; \ldots \;+\; a_{1n}x_n &=& c_1 \\
a_{21}x_1 \;+\; \ldots &=& c_2 \\
\vdots & & \\
a_{m1}x_1 \;+\; \ldots \qquad\qquad +\; a_{mn}x_n &=& c_m
\end{array}
\tag{1}
$$

Dabei ist die Koeffizientenmatrix $A := [a_{ik}] \in \mathbb{R}^{m \times n}$ eine fest vorgegebene Zahlenmatrix und $c = (c_1, \ldots, c_m) \in \mathbb{R}^m$ ein vorgegebenes m-Tupel. Man nennt A die *Matrix des Gleichungssystems*, c dessen *rechte Seite*. Gelegentlich wird c auch als variabel angesehen. Jedes n-Tupel $(x_1, \ldots, x_n) \in \mathbb{R}^n$, das die Gleichungen (1) simultan erfüllt, ist *eine Lösung* von (1). Für theoretische Betrachtungen lässt sich das System (1) in der platzsparenden Form

$$
\sum_{k=1}^{n} a_{ik}x_k = c_i \qquad (1 \leq i \leq m)
$$

schreiben und weiter zu der Matrizengleichung

$$
A\,x \;=\; c
$$

kondensieren. Gefragt wird nach einer "expliziten Darstellung" der *Lösungsmenge*

$$
\mathcal{L} := \{x \in \mathbb{R}^n \,|\, Ax = c\}.
$$

Die Menge $\mathcal{L}$ kann leer sein. Am beliebtesten ist natürlich der Fall, wo $\mathcal{L}$ aus einem einzigen Punkt, eben *der* Lösung von (1), besteht.

Das System (1) ist *homogen*, falls die rechte Seite $= 0$ ist, andernfalls *inhomogen*. Der folgende Satz beschreibt einen in der "Welt des Linearen" fundamentalen und weitverbreiteten Sachverhalt:

Satz 1. *Es bezeichne $\mathcal{L}_c$ die Lösungsmenge des linearen Gleichungssystems $Ax = c$. Dann gilt:*

(a) $$0 \in \mathcal{L}_0;$$

in Worten: Das homogene System $Ax = 0$ besitzt jedenfalls die triviale Lösung $(0,\ldots,0) \in \mathbf{R}^n$;

(b) $$x, y \in \mathcal{L}_0 \quad \Rightarrow \quad x + y \in \mathcal{L}_0, \; \lambda x \in \mathcal{L}_0 \; (\lambda \in \mathbf{R});$$

in Worten: $\mathcal{L}_0$ ist ein Vektorraum (s.u.);

(c) *Es sei x^* eine irgendwie gefundene (sogenannte partikuläre) Lösung des Systems $Ax = c$. Dann ist die Lösungsmenge $\mathcal{L}_c$ dieses Systems mit $\mathcal{L}_0$ verknüpft durch*

$$\mathcal{L}_c = \{x + x^* \mid x \in \mathcal{L}_0\};$$

in Worten: "Die allgemeine Lösung des inhomogenen Systems ist gleich der allgemeinen Lösung des zugehörigen homogenen Systems plus einer partikulären Lösung des inhomogenen Systems."

⌐ (b) Gilt $Ax = 0$ und $Ay = 0$, so ist nach den Regeln der Matrizenmultiplikation (Satz 3.1) auch $A(x + y) = Ax + Ay = 0$ und $A(\lambda x) = \lambda(Ax) = 0$.

(c) Ist $x \in \mathcal{L}_0$, so ist

$$A(x + x^*) = Ax + Ax^* = 0 + c = c,$$

also $x + x^* \in \mathcal{L}_c$. Betrachte umgekehrt ein beliebiges $y \in \mathcal{L}_c$. Es ist

$$A(y - x^*) = Ay - Ax^* = c - c = 0,$$

also: $x := y - x^* \in \mathcal{L}_0$. Wegen $y = x + x^*$ besitzt somit y eine Zerlegung der behaupteten Art. ⌐

Das System (1) ist eine implizite Beschreibung der Menge $\mathcal{L}$. Zu einer "expliziten Darstellung" von $\mathcal{L}$ gelangt man bekanntlich durch gewisse algebraische Manipulationen, die das System (1) in ein System überführen, das erstens zu (1) äquivalent ist, das heisst: dieselbe Lösungsmenge besitzt, und an dem zweitens eine "explizite Darstellung" von $\mathcal{L}$ direkt abgelesen werden kann. Über die erlaubten Manipulationen gibt der folgende Satz Auskunft:

Satz 2. *Die Lösungsmenge $\mathcal{L}$ des Gleichungssystems (1) bleibt bei folgenden Operationen ungeändert:*

(op1) Vertauschen zweier Gleichungen,

(op2) Multiplikation einer Gleichung mit einer Zahl $\lambda \neq 0$,

(op3) Addidtion des λ-fachen einer Gleichung zu einer andern Gleichung,
(op4) Streichen einer Gleichung der Form $0x_1 + \ldots + 0x_n = 0$.

⌐ Die Operationen (op1), (op2) und (op4) sind problemlos. Nun zu (op3): Es sei $\mathcal{L}'$ die Lösungsmenge des modifizierten Systems. Ist $x \in \mathcal{L}$, so genügt x auch der neu entstandenen Gleichung und damit dem modifizierten System. Somit ist $\mathcal{L} \subset \mathcal{L}'$. Das neue System lässt sich wieder ins alte zurückführen, indem man die Operation mit $-\lambda$ anstelle von λ wiederholt. Ist daher x eine Lösung des neuen Systems, so ist x auch eine Lösung des alten. Das heisst, es gilt auch $\mathcal{L}' \subset \mathcal{L}$.   ⌟

Es genügt, die Operationen (op1)–(op4) an der *augmentierten Matrix*

$$\bar{A} := \begin{bmatrix} a_{11} & a_{12} & \cdots & a_{1n} & c_1 \\ a_{21} & a_{22} & \cdots & a_{2n} & c_2 \\ \vdots & & & & \\ a_{m1} & a_{m2} & \cdots & a_{mn} & c_m \end{bmatrix}$$

auszuführen, in der alle Information über das Gleichungssystem (1) gespeichert ist. Man spricht dann von *Zeilenoperationen*, da stets ganze Zeilenvektoren von $\bar{A}$ manipuliert werden. Zeilenoperationen an einer Matrix lassen sich übrigens deuten als Multiplikation der Matrix *von links* mit gewissen speziellen Matrizen, nämlich mit

$$\begin{bmatrix} 0 & 1 & & & & \\ 1 & 0 & & & & \\ & & 1 & & & \\ & & & 1 & & \\ & & & & \ddots & \\ & & & & & 1 \end{bmatrix}$$

für die Vertauschung der ersten beiden Zeilen (analog für andere Vertauschungen), mit

$$\operatorname{diag}(1, \ldots, 1, \lambda, 1, \ldots, 1)$$
$$\uparrow$$
$$i\text{--te Stelle}$$

für die Multiplikation der i-ten Zeile mit λ, endlich mit

$$\begin{bmatrix} 1 & 0 & & & & \\ \lambda & 1 & & & & \\ & & 1 & & & \\ & & & 1 & & \\ & & & & \ddots & \\ & & & & & 1 \end{bmatrix}$$

für die Addition von $\lambda \cdot \operatorname{row}_1(\bar{A})$ zu $\operatorname{row}_2(\bar{A})$ (analog, wenn andere Zeilenpaare betroffen sind).

5.2. Gauss-Elimination

Das nach *Gauss* benannte *Eliminationsverfahren* hat zum Ziel, mit Hilfe von Zeilenoperationen unterhalb der Hauptdiagonalen von A bzw. $\bar{A}$ lauter Nullen zu produzieren. In einer zweiten Phase werden dann die Unbekannten durch "Rückwärtseinsetzen" nacheinander zum Vorschein gebracht. Wir erklären das Verfahren zunächst am *regulären* Fall: ein System von n Gleichungen in n Unbekannten, das genau eine Lösung besitzt. Im allgemeinen sieht man zwar einem gegebenen $(n \times n)$-System nicht an, ob es regulär ist; das kommt vielmehr erst im Verlauf der Rechnung heraus. Wir verschieben aber die Interpretation von "Fehlermeldungen" auf den Abschnitt 5.4. — Wir erklären das Verfahren zunächst an einem Zahlenbeispiel.

¶1. Das System

$$\begin{array}{rcrcrcr} 2x_1 & + & x_2 & + & x_3 & = & 1 \\ 4x_1 & + & x_2 & & & = & -2 \\ -2x_1 & + & 2x_2 & + & x_3 & = & 7 \end{array} \qquad (2)$$

besitzt die augmentierte Matrix

$$\begin{bmatrix} 2 & 1 & 1 & 1 \\ 4 & 1 & 0 & -2 \\ -2 & 2 & 1 & 7 \end{bmatrix}.$$

Subtrahiert man $2\,\mathrm{row}_1$ von row_2 und addiert man row_1 zu row_3, so kommt

$$\begin{bmatrix} 2 & 1 & 1 & 1 \\ 0 & -1 & -2 & -4 \\ 0 & 3 & 2 & 8 \end{bmatrix}.$$

Damit haben wir unterhalb des ersten *Pivots* 2 in col_1 lauter Nullen produziert. Die letzten zwei Zeilen stellen jetzt ein System von zwei Gleichungen in zwei Unbekannten dar. Addiert man $3\,\mathrm{row}_2$ zu row_3, so wird die erste Kolonne nicht wieder verdorben, und unterhalb des zweiten Pivots -1 stehen ebenfalls lauter Nullen:

$$\begin{bmatrix} 2 & 1 & 1 & 1 \\ 0 & -1 & -2 & -4 \\ 0 & 0 & -4 & -4 \end{bmatrix}.$$

Die Ausgangsmatrix A ist damit in eine *obere Dreiecksmatrix* übergeführt worden. Der dritten Gleichung entnimmt man nun

$$x_3 = \frac{1}{-4}(-4) = 1,$$

der zweiten

$$x_2 = \frac{1}{-1}(-4 + 2x_3) = 2,$$

der ersten schliesslich

$$x_1 = \frac{1}{2}(1 - x_2 - x_3) = -1.$$

Das System (2) besitzt somit genau eine Lösung, nämlich den Punkt $(-1, 2, 1) \in$ $\mathbb{R}^3$.   ¶

Allgemein: Bei einem System von n Gleichungen in n Unbekannten sieht die augmentierte Matrix vor dem r-ten Reduktionsschritt folgendermassen aus (die a_{ik} sind nicht mehr dieselben wie am Anfang; die Sterne bezeichnen "Gemüse"):

$$\left[\begin{array}{ccccc|cc}
a_{11} & & & & & & \\
 & a_{22} & & * & & & \\
 & & \ddots & & & & * \\
 & 0 & & \ddots & & & \\
 & & & & a_{r-1,r-1} & & \\
\hline
 & & & & & a_{rr} & \\
 & & & & & \vdots & \\
 & 0 & & & & a_{ir} & * \\
 & & & & & \vdots & \\
 & & & & & a_{nr} &
\end{array}\right] \quad ;$$

dabei sind die Pivots a_{11}, a_{22}, ..., $a_{r-1,r-1}$ alle $\neq 0$, und unterhalb der $r - 1$ Pivots stehen lauter Nullen.

Wir beschreiben nun den r-ten Reduktionsschritt:

Sind a_{rr}, $a_{r+1,r}$, ..., a_{nr} zufälligerweise alle $= 0$, so steht uns in col_r kein Pivot zur Verfügung, und wir sind im singulären Fall, den wir im Moment nicht weiter verfolgen.

Nach einer allfälligen Vertauschung von row_r mit einer geeigneten Zeile row_i ($i > r$) dürfen wir also annehmen: $a_{rr} \neq 0$. (In der Praxis richtet man es oft so ein, dass $|a_{rr}|$ maximal wird, indem man das absolut grösste der a_{ir} ($r \leq i \leq n$) durch Zeilenvertauschung an die Stelle (r, r) bringt.)

Nun führt man für $i := r+1, \ldots, n$ die folgenden Operationen (op3) durch:

$$\text{row}_i \quad \longrightarrow \quad \text{row}_i - \frac{a_{ir}}{a_{rr}} \text{row}_r \qquad (r + 1 \leq i \leq n). \tag{3}$$

Es resultiert eine Matrix der Form

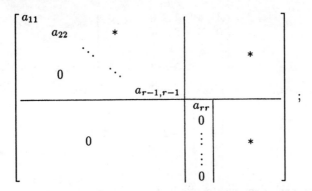

man ist also tatsächlich einen Schritt weitergekommen: Jetzt stehen unterhalb der ersten r Diagonalelemente nur noch Nullen.

Nach $n-1$ derartigen Schritten hat man die Form

$$
\begin{bmatrix}
a_{11} & & & & c_1 \\
& a_{22} & & * & \vdots \\
& & \ddots & & \\
& 0 & & \ddots & \\
& & & & a_{nn} & c_n
\end{bmatrix}
\tag{4}
$$

erreicht; dabei sind alle Diagonalelemente $a_{ii} \neq 0$. Es folgt das *Rückwärtseinsetzen*: Sind

$$x_n, x_{n-1}, \ldots, x_{r+1}$$

"von unten her" schon bestimmt, so entnimmt man row$_r$ von (4):

$$a_{rr}x_r + a_{r,r+1}x_{r+1} + \ldots + a_{rn}x_n = c_r,$$

und hieraus folgt

$$
x_r = \frac{1}{a_{rr}}(c_r - a_{r,r+1}x_{r+1} - \ldots - a_{rn}x_n).
\tag{5}
$$

In dieser Weise kommen die Werte der Unbekannten nacheinander, zuletzt der von x_1, zum Vorschein.

¶2. Wir betrachten das 4×4-System mit der augmentierten Matrix

$$
\begin{bmatrix}
3 & 4 & 1 & 0 & 3 \\
6 & 8 & 4 & 1 & 5 \\
0 & 3 & -1 & 3 & 3 \\
-3 & 2 & -3 & 4 & 1
\end{bmatrix}.
\tag{6}
$$

Der erste Reduktionsschritt liefert

$$\begin{bmatrix} 3 & 4 & 1 & 0 & 3 \\ 0 & 0 & 2 & 1 & -1 \\ 0 & 3 & -1 & 3 & 3 \\ 0 & 6 & -2 & 4 & 4 \end{bmatrix}.$$

Durch Zeilenvertauschung machen wir die 6 zum Pivot:

$$\begin{bmatrix} 3 & 4 & 1 & 0 & 3 \\ 0 & 6 & -2 & 4 & 4 \\ 0 & 3 & -1 & 3 & 3 \\ 0 & 0 & 2 & 1 & -1 \end{bmatrix}$$

und erhalten nach dem zweiten Reduktionsschritt:

$$\begin{bmatrix} 3 & 4 & 1 & 0 & 3 \\ 0 & 6 & -2 & 4 & 4 \\ 0 & 0 & 0 & 1 & 1 \\ 0 & 0 & 2 & 1 & -1 \end{bmatrix}.$$

Nach einer weiteren Zeilenvertauschung ist die Dreiecksform erreicht (der dritte Reduktionsschritt entfällt):

$$\begin{bmatrix} 3 & 4 & 1 & 0 & 3 \\ 0 & 6 & -2 & 4 & 4 \\ 0 & 0 & 2 & 1 & -1 \\ 0 & 0 & 0 & 1 & 1 \end{bmatrix}.$$

Hieraus ergibt sich rückwärts nacheinander:

$$x_4 = \frac{1}{1} \cdot 1 = 1,$$

$$x_3 = \frac{1}{2}(-1 - x_4) = -1,$$

$$x_2 = \frac{1}{6}(4 + 2x_3 - 4x_4) = -\frac{1}{3},$$

$$x_1 = \frac{1}{3}(3 - 4x_2 - x_3) = \frac{16}{9};$$

das zu der augmentierten Matrix (6) gehörende Gleichungssystem besitzt also die Lösung

$$(\frac{16}{9}, -\frac{1}{3}, -1, 1) \in \mathbb{R}^4. \qquad \P$$

Wie gross ist der mit der Auflösung eines $(n \times n)$-Systems verbundene Rechenaufwand? Als Einheit $[\mu]$ des Rechenaufwands betrachten wir hier eine

Multiplikation oder Division von zwei reellen Zahlen. Additionen, Grössenvergleiche, Zeilenvertauschungen u.ä. sind gratis.

Beim r-ten Rekursionsschritt werden die Operationen (3) durchgeführt. Sie erfassen $n - r$ Zeilen der Restlänge $n - r + 1$ (die Gesamtlänge der Zeilen ist $n + 1$!). Für jede dieser Zeilen braucht es eine Division zur Bestimmung des Multiplikators a_{ir}/a_{rr} und $n - r + 1$ Multiplikationen. Dies ergibt für den r-ten Reduktionsschritt insgesamt

$$(n - r)(n - r + 2)\,\mu.$$

Die Herstellung der Dreiecksform (4) erfordert daher insgesamt

$$\sum_{r=1}^{n-1}(n - r)(n - r + 2)\,\mu \doteq \frac{n^3}{3}\,\mu.$$

Der Aufwand für das Rückwärtseinsetzen kann hiergegenüber vernachlässigt werden: Die Bestimmung von x_r nach (5) benötigt

$$(1 + (n - r))\,\mu,$$

so dass das Rückwärtseinsetzen insgesamt nur

$$\sum_{r=1}^{n}(1 + (n - r))\,\mu \doteq \frac{n^2}{2}\,\mu$$

kostet. Diese Überlegungen zeigen: Der Rechenaufwand für die Auflösung eines regulären $(n \times n)$-Gleichungssystems mit Hilfe des Gauss-Algorithmus ist von der Grössenordnung

$$\frac{n^3}{3}\,\mu.$$

5.3. Berechnung der Inversen

Wir zeigen hier, wie mit Hilfe des Gaussschen Verfahrens die Inverse einer regulären Matrix $A \in \mathbb{R}^{n \times n}$ berechnet werden kann. Der dazu notwendige Rechenaufwand ist ebenfalls von der Grössenordnung $n^3\,\mu$ (ohne Beweis).

Da die inverse Matrix A^{-1} vorderhand "unbekannt" ist, bezeichnen wir sie mit X, ihre Kolonnen mit $x^{(j)}$ ($1 \le j \le n$). Aus

$$A \cdot X = I$$

folgt nach Definition des Matrizenprodukts:

$$A \cdot \mathrm{col}_j(X) = \mathrm{col}_j(I) = e_j \qquad (1 \le j \le n) \qquad (7)$$

bzw.

$$A\, x^{(j)} = e_j \qquad (1 \le j \le n). \qquad (8)$$

Das sind n Gleichungssysteme in je n Unbekannten — alle mit derselben Matrix A, aber mit verschiedenen rechten Seiten. Diese n Systeme werden nun simultan gelöst: Wir augmentieren die Matrix A statt um eine um n Kolonnen, die zu den verschiedenen rechten Seiten von (8) gehören. Auf diese Weise entsteht eine augmentierte Matrix $\bar{A}$ vom Typ $(n \times 2n)$:

$$\bar{A} = \begin{bmatrix} a_{11} & a_{12} & \cdots & a_{1n} & 1 & 0 & \cdots & 0 \\ a_{21} & a_{22} & \cdots & a_{2n} & 0 & 1 & \cdots & 0 \\ \vdots & & & & \vdots & & \ddots & \\ a_{n1} & a_{n2} & \cdots & a_{nn} & 0 & 0 & \cdots & 1 \end{bmatrix}$$

Mit dieser Matrix wird nun verfahren wie vorher, mit dem Unterschied, dass in der linken Hälfte von $\bar{A}$ auch oberhalb der Hauptdiagonalen Nullen produziert werden (das Rückwärtseinsetzen entfällt dann). Nachdem alle Kolonnen der linken Hälfte von $\bar{A}$ "bereinigt" sind, bietet sich folgendes Bild:

$$\begin{bmatrix} a_{11} & & & & & \\ & a_{22} & & 0 & & \\ & & \ddots & & & * \\ & 0 & & \ddots & & \\ & & & & a_{nn} & \end{bmatrix} ;$$

dabei sind alle $a_{ii} \neq 0$. Operationen (op2) machen daraus

$$\begin{bmatrix} 1 & & & & & \\ & 1 & & 0 & & \\ & & \ddots & & & * \\ & 0 & & \ddots & & \\ & & & & 1 & \end{bmatrix} , \qquad (9)$$

womit die Rechnung beendet ist. Die in dem gesamten Prozess aufgebaute und hier als "Gemüse" dargestellte Teilmatrix B rechter Hand ist nämlich gerade die gesuchte Matrix A^{-1}! Um das einzusehen, betrachten wir eine feste Kolonne $\mathrm{col}_j(B)$. Die Interpretation von (9) als " n codierte Gleichungssysteme" besagt dann: Das n-Tupel $x = (x_1, \ldots, x_n)$ mit

$$\begin{aligned} x_1 &&&= b_{1j} \\ & x_2 &&= b_{2j} \\ & & \ddots & \quad \vdots \\ & & x_n &= b_{nj} \end{aligned}$$

ist die Lösung des Gleichungssystems

$$A\,x = e_j.$$

In anderen Worten, es gilt

$$A \cdot \mathrm{col}_j(B) = e_j,$$

wie nach (7) erforderlich.

¶3. Es soll die Inverse der Matrix

$$A := \begin{bmatrix} 2 & 1 & 1 \\ 4 & 1 & 0 \\ -2 & 2 & 1 \end{bmatrix}$$

berechnet werden. Hierzu bilden wir die augmentierte Matrix

$$\bar{A} = \left[\begin{array}{ccc|ccc} 2 & 1 & 1 & 1 & 0 & 0 \\ 4 & 1 & 0 & 0 & 1 & 0 \\ -2 & 2 & 1 & 0 & 0 & 1 \end{array}\right]$$

und "bereinigen" nacheinander die einzelnen Kolonnen in der linken Hälfte von $\bar{A}$:

$$\left[\begin{array}{ccc|ccc} 2 & 1 & 1 & 1 & 0 & 0 \\ 0 & -1 & -2 & -2 & 1 & 0 \\ 0 & 3 & 2 & 1 & 0 & 1 \end{array}\right], \quad \left[\begin{array}{ccc|ccc} 2 & 0 & -1 & -1 & 1 & 0 \\ 0 & -1 & -2 & -2 & 1 & 0 \\ 0 & 0 & -4 & -5 & 3 & 1 \end{array}\right],$$

$$\left[\begin{array}{ccc|ccc} 2 & 0 & 0 & 1/4 & 1/4 & -1/4 \\ 0 & -1 & 0 & 1/2 & -1/2 & -1/2 \\ 0 & 0 & -4 & -5 & 3 & 1 \end{array}\right].$$

Die linke Hälfte von $\bar{A}$ ist nun auf Diagonalform. Division der einzelnen Zeilen durch die Pivots liefert schliesslich

$$\left[\begin{array}{ccc|ccc} 1 & 0 & 0 & 1/8 & 1/8 & -1/8 \\ 0 & 1 & 0 & -1/2 & 1/2 & 1/2 \\ 0 & 0 & 1 & 5/4 & -3/4 & -1/4 \end{array}\right];$$

die gesuchte Inverse kann nun unmittelbar abgelesen werden. ¶

5.4. Allgemeine Systeme von linearen Gleichungen

Was uns nach dem Vorangegangenen noch fehlt, ist eine Anweisung für den Fall, dass während des Eliminationsprozesses eine Matrix der folgenden Art erscheint:

$$
-\begin{bmatrix}
a_{11} & & & & & & & & & \\
 & a_{22} & & * & & & & * & & \\
 & & \ddots & & & & & & & \\
 & 0 & & \ddots & & & & & & \\
 & & & & a_{r-1,r-1} & & & & & \\
\hline
 & & & & & 0 & & & & \\
 & & & & & 0 & & & & \\
 & & 0 & & & \vdots & & * & & \\
 & & & & & \vdots & & & & \\
 & & & & & 0 & & & &
\end{bmatrix}.
$$

In col_r gibt es unterhalb der gestrichelten Linie kein $a_{ir} \neq 0$, das als nächster Pivot in Frage käme.

Die noch fehlende Anweisung lautet ganz einfach folgendermassen: Man setze das Eliminationsverfahren mit der ersten Kolonne fort, in der es unterhalb der gestrichelten Linie ein $a_{ik} \neq 0$ gibt, und bringe als erstes ein derartiges a_{ik} durch Zeilenvertauschung in die Zeile row_r, d.h. unmittelbar unter die gestrichelte Linie.

Mit dieser Ergänzung lässt sich das Verfahren von Gauss auch für Systeme von m Gleichungen in n Unbekannten verwenden. Die Matrix A, die sich im regulären Fall in eine obere Dreiecksmatrix verwandelt hat, erhält im allgemeinen Fall die sogenannte *Zeilenstufenform*:

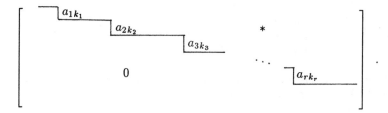

Die ihre Zeilen anführenden *Pivots*

$$
a_{1k_1}, a_{2k_2}, \ldots, a_{rk_r}
$$

sind alle $\neq 0$, und unterhalb von row_r stehen nur noch Nullen. Die während des Rechenprozesses getroffenen Entscheidungen haben einen Einfluss auf die

Werte der Pivots und die Kolonnennummern $k_1, k_2, \ldots, k_r$. Die *Anzahl* der auftretenden Pivots ist hingegen durch die Ausgangsmatrix A wohlbestimmt und heisst der *Rang* von A (s.u.). Der Rechenprozess hat den Rang von A zum Vorschein gebracht.

¶4. Es soll die Matrix

$$A := \begin{bmatrix} 2 & 3 & 1 & 0 & 1 & 5 \\ 0 & 1 & 2 & -2 & 3 & 1 \\ 4 & 4 & -2 & 4 & -3 & 10 \\ -2 & -2 & 1 & -2 & 5 & 2 \end{bmatrix}$$

durch Zeilenoperationen auf Zeilenstufenform gebracht werden. Man erhält nacheinander

$$\begin{bmatrix} 2 & 3 & 1 & 0 & 1 & 5 \\ 0 & 1 & 2 & -2 & 3 & 1 \\ 0 & -2 & -4 & 4 & -5 & 0 \\ 0 & 1 & 2 & -2 & 6 & 7 \end{bmatrix}, \quad \begin{bmatrix} 2 & 3 & 1 & 0 & 1 & 5 \\ 0 & 1 & 2 & -2 & 3 & 1 \\ 0 & 0 & 0 & 0 & 1 & 2 \\ 0 & 0 & 0 & 0 & 3 & 6 \end{bmatrix},$$

$$\begin{bmatrix} 2 & 3 & 1 & 0 & 1 & 5 \\ 0 & 1 & 2 & -2 & 3 & 1 \\ 0 & 0 & 0 & 0 & 1 & 2 \\ 0 & 0 & 0 & 0 & 0 & 0 \end{bmatrix}.$$

Die vorgelegte (4×6)-Matrix A besitzt somit den Rang 3. ¶

Was bringt die Zeilenstufenform in der Anwendung auf Gleichungssysteme

$$A x = c \quad ? \tag{10}$$

Wird die Reduktion der augmentierten Matrix

$$\bar{A} := \begin{bmatrix} a_{11} & a_{12} & \cdots & a_{1n} & c_1 \\ a_{21} & a_{22} & \cdots & a_{2n} & c_2 \\ \vdots & & & & \\ a_{m1} & a_{m2} & \cdots & a_{mn} & c_m \end{bmatrix}$$

abgebrochen, sobald das rechte Ende von A erreicht ist, so bietet sich folgendes Bild:

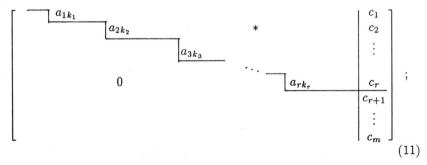

$$\tag{11}$$

dabei ist r der Rang der Ausgangsmatrix A in (10).

Folgendes springt in die Augen: Ist $r < m$ und eine der Zahlen $c_{r+1}, \ldots, c_m$ von null verschieden, so besitzt das Gleichungssystem (10) keine Lösung. Hieraus folgt weiter: Ist die rechte Seite c von (10) variabel und $r < m$, so besitzt das System (10) für gewisse c keine Lösung.

Für das Weitere dürfen wir annehmen:

$$c_{r+1} = \ldots = c_m = 0;$$

die letzten $m - r$ Gleichungen können dann gestrichen werden. Wir fassen die Kolonnennummern $k_1, k_2, \ldots, k_r$ der Pivots zusammen in der Menge

$$P := \{k_1, k_2, \ldots, k_r\};$$

die betreffenden r Variablen x_{k_i} $(k_i \in P)$ werden im folgenden *Pivotvariablen* (englisch: basic variables) genannt. Die restlichen $n - r$ Variablen x_k $(k \notin P)$ heissen *freie* (englisch: nonbasic) *Variablen*.

Man kann nun das zu (11) gehörige System der Rückwärtseinsetzung unterwerfen oder vorgängig auch oberhalb der Pivots Nullen produzieren. Jedenfalls wird letzten Endes nach den r Pivotvariablen x_{k_i} aufgelöst; die Werte der restlichen $n - r$ Variablen x_k sind tatsächlich frei wählbar. Damit erscheint die allgemeine Lösung des Ausgangssystems (10) in der folgenden Form (die b_{ik} und die c_i' berechnen sich aus den a_{ik} und den c_i der Matrix (11)):

$$\begin{cases} x_k : \text{ beliebig} \quad (k \notin P), \\ x_{k_i} = c_i' + \sum_{k \notin P} b_{ik} x_k \quad (k_i \in P). \end{cases} \tag{12}$$

Dies kann als "explizite Darstellung" der Lösungsmenge $\mathcal{L}$ von (10) aufgefasst werden: Zu jedem $(n - r)$-Tupel $(x_k)_{k \notin P}$ produziert (12) einen Punkt $(x_1, \ldots, x_n) \in \mathcal{L}$, und auf diese Weise entsteht jeder Punkt $x \in \mathcal{L}$ genau einmal. In anderen Worten: (12) definiert eine bijektive Abbildung

$$\phi : \ \mathbb{R}^{n-r} \to \mathcal{L}, \qquad (x_k)_{k \notin P} \mapsto (x_1, \ldots, x_n) \,. \tag{13}$$

¶5. Die augmentierte Matrix habe am Schluss des Reduktionsverfahrens folgende Gestalt:

$$\begin{bmatrix} 2 & 3 & 1 & 0 & 1 & 5 & -1 \\ & 1 & 2 & -2 & 3 & 1 & 3 \\ & & & 1 & 2 & & 2 \\ & & & & 0 & & 0 \end{bmatrix} .$$

(Dem Ergebnis von Beispiel ¶4 wurde eine frei erfundene rechte Seite hinzuge-fügt.) Zunächst produzieren wir auch oberhalb der Pivots noch Nullen:

$$\begin{bmatrix} 2 & 3 & 1 & 0 & 0 & 3 & -3 \\ & 1 & 2 & -2 & 0 & -5 & -3 \\ & & & 1 & 2 & & 2 \end{bmatrix}, \quad \begin{bmatrix} 2 & 0 & -5 & 6 & 0 & 18 & 6 \\ & 1 & 2 & -2 & 0 & -5 & -3 \\ & & & 1 & 2 & & 2 \end{bmatrix}.$$

Die Lösung in der Form (12) kann nun unmittelbar abgelesen werden:

$$\begin{cases} x_3, x_4, x_6 \; : \; \text{beliebig} \\ \quad x_1 = \dfrac{1}{2}(6 + 5x_3 - 6x_4 - 18x_6) \\ \quad x_2 = -3 - 2x_3 + 2x_4 + 5x_6 \\ \quad x_5 = 2 - 2x_6 \end{cases} \tag{14}$$

¶

Beachte: Die *Lösungsmenge* $\mathcal{L}$ selbst ist natürlich durch das System (1) wohlbestimmt, die *Darstellung* (12) von $\mathcal{L}$ aber im allgemeinen nicht! Wir schliessen dieses Kapitel mit dem folgenden Satz über $(n \times n)$-Systeme. Der Satz zieht eine gewisse Bilanz aus dem bisher Gesagten und ist damit schon bewiesen. — Ein $(n \times n)$-System (10) heisst *regulär*, wenn der Rang der Matrix A gleich n ist, sonst *singulär*.

Satz 3. *Ein reguläres System $Ax = c$ von n Gleichungen in n Unbekannten hat für beliebige rechte Seite genau eine Lösung. Ein singuläres derartiges System hat für gewisse rechte Seiten c keine Lösung, für andere unendlich viele. Insbesondere besitzt ein singuläres homogenes System (unendlich viele) nichttriviale Lösungen.*

¶6. Gleichungssysteme mit einem Parameter führen im allgemeinen auf Fall-unterscheidungen, da der Wert des Parameters nicht nur einen Einfluss auf die numerischen Werte der Lösung(en), sondern auch auf die "qualitative"Gestalt der Lösungsmenge $\mathcal{L}$ haben kann. Betrachte zum Beispiel das System

$$\left. \begin{array}{rcrcrcl} x_1 & - & x_2 & + & x_3 & = & 2 \\ -2x_1 & + & x_2 & + & \alpha x_3 & = & -3 \\ x_1 & + & \alpha x_2 & - & x_3 & = & 1 \end{array} \right\} , \quad (\alpha \in \mathbb{R}).$$

Reduktion liefert nacheinander die folgenden Formen der augmentierten Ma-trix:

$$\begin{bmatrix} 1 & -1 & 1 & 2 \\ 0 & -1 & \alpha+2 & 1 \\ 0 & \alpha+1 & -2 & -1 \end{bmatrix}, \quad \begin{bmatrix} 1 & -1 & 1 & 2 \\ 0 & -1 & \alpha+2 & 1 \\ 0 & 0 & \alpha^2+3\alpha & \alpha \end{bmatrix}.$$

(a)   Ist $\alpha^2 + 3\alpha = \alpha(\alpha + 3) \neq 0$, so gibt es drei Pivots, der Rang der Ausgangsmatrix ist 3, und das System besitzt genau eine Lösung, nämlich (von unten nach oben berechnet!):

$$\left.\begin{aligned} x_1 &= 2 + x_2 - x_3 = \frac{2\alpha + 4}{\alpha + 3} \\ x_2 &= -[1 - (\alpha + 2)x_3] = \frac{-1}{\alpha + 3} \\ x_3 &= \frac{\alpha}{\alpha^2 + 3\alpha} = \frac{1}{\alpha + 3} \end{aligned}\right\} .$$

(b)   Ist $\alpha = 0$, so kann die letzte Gleichung des reduzierten Systems gestrichen werden, x_3 wird freie Variable, und das System besitzt unendlich viele Lösungen. Rückwärtseinsetzen liefert für x_2 und x_1 nacheinander

$$x_2 = -(1 - 2x_3) = -1 + 2x_3,$$
$$x_1 = 2 + x_2 - x_3 = 2 + (-1 + 2x_3) - x_3 = 1 + x_3.$$

Die allgemeine Lösung lässt sich daher in der Form

$$x = (1 + x_3, -1 + 2x_3, x_3), \quad x_3 \in \mathbb{R} \text{ beliebig,}$$

darstellen.

(c)   Ist $\alpha = -3$, so lautet die letzte Gleichung des reduzierten Systems:

$$0x_1 + 0x_2 + 0x_3 = -3.$$

Das Ausgangssystem hat daher für $\alpha = -3$ keine Lösung.   ¶

6. Begriff des Vektorraums

6.1. Definition und Beispiele

Folgende Situation haben die Mathematiker bei der Entwicklung ihrer Wissenschaft an den verschiedensten Orten angetroffen: Gegeben ist eine Menge von irgendwelchen Objekten; diese Objekte lassen sich in natürlicher Weise "addieren" und mit reellen (oder komplexen) Skalaren "strecken", und das Resultat dieser Operationen ist jeweils wieder ein Objekt derselben Art. Es ist aber noch keine hundert Jahre her, seit das allen diesen Situationen Gemeinsame in einem "abstrakten" Begriff kodifiziert wurde. Liegt eine derartige Situation vor, so nennt man heute die betreffende Menge V einen *Vektorraum*, ihre Elemente x *Vektoren*, auch wenn die betreffenden Objekte "von Haus aus" ganz anderer Natur, z.B. Funktionen oder n-Tupel sind. Zum Begriff des Vektorraums gehört, dass die folgenden Rechenregeln gelten:

(a) $x + y = y + x$,
$(x + y) + z = x + (y + z)$.

(b) In V gibt es ein ausgezeichnetes Element 0 (den *Nullvektor*) mit $x + 0 = x$ für alle $x \in V$.

(c) Zu jedem $x \in V$ gibt es ein wohlbestimmtes Element $(-x) \in V$ mit $x + (-x) = 0$.

(d) $\alpha(x + y) = \alpha x + \alpha y$, $\quad (\alpha + \beta)x = \alpha x + \beta x$,
$(\alpha\beta)x = \alpha(\beta x)$, $\quad 1 \cdot x = x$.

Weitere Rechenregeln, z.B. $(-1) \cdot x = -x, 0 \cdot x = 0$, lassen sich hieraus beweisen.

¶1. Die im dreidimensionalen Erfahrungsraum gezeichneten gerichteten Strecken lassen sich zur Konstruktion eines Vektorraums im Sinn der linearen Algebra heranziehen. Die Angelegenheit ist allerdings etwas subtil, da gleich lange und gleichsinnig parallele Strecken als Repräsentanten desselben Vektors betrachtet werden müssen. — Die Gültigkeit der Rechenregeln ist mit Hilfe von Kongruenz- und Ähnlichkeitssätzen zu beweisen. ¶

¶2. Die Strukturen $\mathbf{R}$, $\mathbf{R}^n$, $\mathbf{R}^{m \times n}$ mit den in Kapitel 3 vereinbarten Operationen sind Vektorräume. Wir werden sehen, dass jeder "endlich erzeugte" Vektorraum V zu einem wohlbestimmten $\mathbf{R}^n$ "isomorph" ist.   ¶

¶3. Die Menge $C^\infty(\mathbf{R})$ der beliebig oft differenzierbaren Funktionen $f : \mathbf{R} \to \mathbf{R}$ bildet einen (unendlichdimensionalen) Vektorraum. Nullvektor ist die Funktion $f(t) :\equiv 0$. — Die nichtnegativen Funktionen in $C^\infty(\mathbf{R})$ bilden keinen Vektorraum.   ¶

¶4. Es sei $\mathcal{P}_n$ die Menge der reellen Polynome in einer Variablen t vom Grad $\leq n$. $\mathcal{P}_n$ ist ein Vektorraum; der allgemeine Vektor hat die Form

$$p : \quad t \mapsto p(t) := \alpha_0 + \alpha_1 t + \ldots + \alpha_n t^n, \tag{1}$$

die Koeffizienten α_i ($0 \leq i \leq n$) sind reelle Konstante. Die Polynome vom genauen Grad n bilden keinen Vektorraum; denn die Summe von zwei derartigen Polynomen kann echt kleineren Grad haben. $\mathcal{P}_n$ ist ein Unterraum (s.u.) von $C^\infty(\mathbf{R})$.   ¶

Eine Teilmenge U eines Vektorraums V heisst ein *Unterraum* von V, wenn U bezüglich der in V erklärten Operationen "*abgeschlossen*" ist, das heisst: Für beliebige $x, y \in U, \lambda \in \mathbf{R}$ müssen $x + y$ und λx wieder in U liegen (Fig. 6.1).

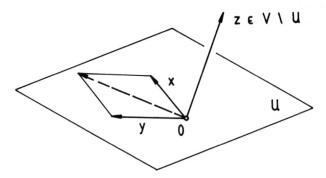

Fig. 6.1

6.2. Linearkombinationen, Erzeugendensysteme

Es seien $a_1, \ldots, a_N$ gegebene Vektoren eines (unter Umständen unendlich-dimensionalen) Vektorraums V. Ein Vektor der Form

$$x := \sum_{i=1}^{N} \lambda_i a_i \; = \lambda_1 a_1 + \ldots + \lambda_N a_N \quad (\in V)$$

mit reellen Koeffizienten λ_i heisst eine *Linearkombination* der a_i. Die Gesamtheit aller Linearkombinationen der a_i ist offensichtlich ein Unterraum von V. Wir bezeichnen diesen *von den a_i erzeugten* (auch: *aufgespannten*) *Unterraum* mit

$$\langle a_1, a_2, \ldots, a_N \rangle.$$

¶5. Jeder Vektor $x \in \mathbb{R}^n$ ist eine Linearkombination der Standard-Basisvektoren $e_1, \ldots, e_n$:

$$x = \sum_{i=1}^{n} x_i e_i.$$

Jedes Polynom $p \in \mathcal{P}_n$ ist eine Linearkombination der $n+1$ Monome

$$p_k(t) := t^k \quad (0 \le k \le n);$$

denn (1) lässt sich lesen als

$$p = \sum_{k=0}^{n} \alpha_k p_k.$$

Folglich ist $\mathcal{P}_n = \langle p_0, p_1, \ldots, p_n \rangle.$ ¶

Ist ein *Erzeugendensystem* $a_1, \ldots, a_n$ gegeben, so stellt sich die Frage, ob es "überflüssige" Vektoren enthält und somit in Wirklichkeit einen armseligeren Unterraum aufspannt, als man zunächst meinen könnte. Beispiel: Die drei Funktionen e^t, $\cosh t$, $\sinh t$ spannen nur einen zweidimensionalen Unterraum von $C^\infty(\mathbb{R})$ auf. Von grundsätzlicherer Natur ist das folgende Beispiel:

¶6. Ist eine $(m \times n)$-Matrix $A = [a_{ik}]$ gegeben, so spannen die m Zeilenvektoren

$$\text{row}_i = [\, a_{i1} \quad a_{i2} \quad \cdots \quad a_{in} \,] \quad (1 \le i \le m)$$

einen Unterraum Z von $\mathbb{R}^n$ auf, den sogenannten *Zeilenraum* von A, und die n Kolonnenvektoren

$$\text{col}_k = \begin{bmatrix} a_{1k} \\ a_{2k} \\ \vdots \\ a_{mk} \end{bmatrix} \quad (1 \le k \le n)$$

einen Unterraum K von $\mathbb{R}^m$, den sogenannten *Kolonnenraum* von A. Wir werden zeigen, dass Z und K dieselbe Dimension besitzen; dieser gemeinsame Wert ist der *Rang* der Matrix A.   ¶

Ein (womöglich minimales) Erzeugendensystem erlaubt eine *explizite* Darstellung eines bestimmten Unterraums U. Im Gegensatz dazu steht die *implizite* Beschreibung eines Unterraums durch homogene lineare Gleichungen irgendwelcher Art. "Ein homogenes lineares Problem $Ax = 0$ lösen" bedeutet, für einen implizit beschriebenen Unterraum U eines gewissen Grundraums V ein Erzeugendensystem herzustellen.

¶7. Die homogene lineare Differentialgleichung

$$\ddot{y} + 2\dot{y} - 15y = 0 \qquad (2)$$

lässt sich abstrakt begreifen als

$$Ay = 0$$

mit

$$A := \frac{d^2}{dt^2} + 2\frac{d}{dt} - 15.$$

Aufgrund der allgemeinen Theorie derartiger Differentialgleichungen ist die Lösungsmenge von (2) ein zweidimensionaler Unterraum $\mathcal{L}$ von $C^\infty(\mathbb{R})$. Um ein Erzeugendensystem von $\mathcal{L}$ zu finden , versuchen wir es mit dem Ansatz

$$y(t) = e^{\lambda t},$$

wobei wir uns die Wahl des reellen (eventuell komplexen) Parameters λ noch vorbehalten. Dieser Ansatz löst die Differentialgleichung (2), falls

$$\lambda^2 e^{\lambda t} + 2\lambda e^{\lambda t} - 15 e^{\lambda t} = (\lambda^2 + 2\lambda - 15)e^{\lambda t} \equiv 0$$

ist, und das ist genau dann der Fall, wenn gilt:

$$\lambda^2 + 2\lambda - 15 = 0,$$

d.h. $\lambda = 3$ oder $\lambda = -5$. Die zwei Funktionen

$$y_1(t) := e^{3t}, \qquad y_2(t) := e^{-5t}$$

sind somit Lösungen von (2). Da sie "linear unabhängig" sind, bilden sie ein Erzeugendensystem des zweidimensionalen Raums $\mathcal{L}$:

$$\mathcal{L} = \langle y_1(\cdot), y_2(\cdot) \rangle.$$

In anderen Worten: Die Lösungen von (2) sind die sämtlichen Linearkombinationen

$$y(t) = c_1 e^{3t} + c_2 e^{-5t}; \qquad c_1, c_2 \in \mathbb{R}. \qquad\qquad ¶$$

Betrachten wir ein homogenes Gleichungssystem unter diesem Aspekt! Es sei

$$\sum_{k=1}^{n} a_{ik}x_k = 0 \qquad (1 \leq i \leq m)$$

ein System von m Gleichungen in n Unbekannten. Nach Satz 5.1 ist die Lösungsmenge

$$\mathcal{L} := \{x \in \mathbb{R}^n \,|\, Ax = 0\}$$

ein Unterraum von $\mathbb{R}^n$. Die in Abschnitt 5.4 erarbeitete explizite Darstellung (5.12) von $\mathcal{L}$ lässt sich zur Herstellung eines Erzeugendensystems von $\mathcal{L}$ verwenden. Zur Vereinfachung nehmen wir an, es sei $P = \{1, 2, \ldots, r\}$; die Darstellung (5.12) hat dann die Form

$$\begin{cases} x_k : \text{beliebig} & (r+1 \leq k \leq n), \\ x_i = c_i' + \displaystyle\sum_{k=r+1}^{n} b_{ik}x_k & (1 \leq i \leq r), \end{cases}$$

wobei jetzt alle $c_i' = 0$ sind. Die $n - r$ speziellen Lösungen

$$v^{(k)} \in \mathbb{R}^n \qquad (r+1 \leq k \leq n),$$

bei denen jeweils die freie Variable $x_k := 1$ und alle übrigen freien Variablen gleich 0 gesetzt werden, bilden ein minimales Erzeugendensystem, also eine "Basis" von $\mathcal{L}$. Um das einzusehen, schreiben wir diese $v^{(k)}$ einzeln auf:

$$\begin{aligned} v^{(r+1)} &= (b_{1,r+1}, \quad b_{2,r+1}, \quad \ldots, \quad b_{r,r+1}, \quad 1, \quad 0, \quad \ldots, \quad 0), \\ v^{(r+2)} &= (b_{1,r+2}, \quad b_{2,r+2}, \quad \ldots, \quad b_{r,r+2}, \quad 0, \quad 1, \quad \ldots, \quad 0), \\ &\;\;\vdots \\ v^{(n)} &= (b_{1,n}, \quad b_{2,n}, \quad \ldots, \quad b_{r,n}, \quad 0, \quad 0, \quad \ldots, \quad 1). \end{aligned}$$

Die $v^{(k)}$ sind Lösungen, und durch geeignete Linearkombination der $v^{(k)}$ lässt sich jede Wertverteilung auf den freien Variablen realisieren. Somit bilden die $v^{(k)}$ ein Erzeugendensystem, und da keines davon eine Linearkombination der übrigen ist, sogar eine Basis von $\mathcal{L}$.

¶8. Das zu der Matrix A von Beispiel 5.¶4 gehörende homogene Gleichungssystem $Ax = 0$ von vier Gleichungen in sechs Unbekannten besitzt folgende Lösung in der Form (5.12):

$$\begin{cases} x_3, x_4, x_6 : \text{beliebig} \\ x_1 = \dfrac{5}{2}x_3 - 3x_4 - 9x_6 \\ x_2 = -2x_3 + 2x_4 + 5x_6 \\ x_5 = \qquad\qquad\;\; -2x_6 \end{cases} \qquad (3)$$

Dies ergibt sich aus (5.14), indem man die nachträglich eingebauten Inhomogenitäten wieder weglässt. Aus (3) erhalten wir eine Basis von $\mathcal{L}$, indem wir die freien Variablen x_3, x_4, x_6 nacheinander die Werte 1, 0, 0 bzw. 0, 1, 0 bzw. 0, 0, 1 annehmen lassen. Dies liefert die speziellen Lösungen

$$
\begin{array}{rcrrrrrr}
v^{(3)} & = & (\ \frac{5}{2}, & -2, & \underline{1}, & \underline{0}, & 0, & \underline{0}\ ), \\
v^{(4)} & = & (-3, & 2, & \underline{0}, & \underline{1}, & 0, & \underline{0}\ ), \\
v^{(6)} & = & (-9, & 5, & \underline{0}, & \underline{0}, & -2, & \underline{1}\ ),
\end{array}
$$

(die unterstrichenen Werte wurden gesetzt, die übrigen aus (3) berechnet), und es ist

$$
\mathcal{L} = \langle v^{(3)}, v^{(4)}, v^{(6)} \rangle. \qquad\qquad ¶
$$

7. Dimension und Rang

7.1. Lineare Unabhängigkeit

Es sei V ein beliebiger Vektorraum. Ein vorgelegtes r-Tupel $(a_1, a_2, \ldots, a_r)$ von Vektoren $a_k \in V$ heisst *linear unabhängig*, wenn es in gewissem Sinn redundant ist, genau: wenn einer und damit jeder der folgenden Sachverhalte zutrifft:

(a) Ein a_p ist Linearkombination der vorangehenden a_k; das heisst, es gibt Zahlen $\lambda_k \in \mathbb{R}$ $(1 \leq k \leq p-1)$ mit

$$a_p = \sum_{k=1}^{p-1} \lambda_k a_k.$$

(b) Ein a_p ist Linearkombination der übrigen a_k.
(c) Es gibt Zahlen λ_k, nicht alle $= 0$, mit

$$\sum_{k=1}^{r} \lambda_k a_k = 0 \quad (\in V). \tag{1}$$

Wir müssen zeigen, dass die Sachverhalte (a)–(c) äquivalent sind.

(a)$\Rightarrow$(b) ist klar. — (b)$\Rightarrow$(c): Ist

$$a_p = \sum_{k \neq p} \lambda_k a_k,$$

so gilt (1) mit $\lambda_p := -1 \neq 0$. — (c)$\Rightarrow$(a): Gilt (1) und ist λ_p das letzte $\lambda_k \neq 0$, so hat man

$$a_p = \sum_{k=1}^{p-1} \frac{-\lambda_k}{\lambda_p} a_k .$$

¶1. Die drei Vektoren

$$a_1 := (1,0), \ a_2 := (1,1), \ a_3 := (0,1) \ \in \mathbb{R}^2$$

sind linear abhängig, denn es ist

$$a_3 = -a_1 + a_2 \quad \text{bzw.} \quad a_1 - a_2 + a_3 = 0 \in \mathbb{R}^2.$$

Die drei Funktionen 1, $\cos^2 t$, $\cos(2t) \in C^\infty(\mathbb{R})$ sind linear abhängig, denn es gilt

$$\cos(2t) \equiv 2\cos^2 t - 1. \qquad\qquad ¶$$

Die r Vektoren $a_1, a_2, \ldots, a_r$ heissen *linear unabhängig*, wenn die Sachverhalte (a)–(c) nicht zutreffen. Die lineare Unabhängigkeit des r-Tupels ist also gegeben, wenn eine und damit jede der folgenden Gegenaussagen zutrifft:

(a′) Kein a_p ist Linearkombination der vorangehenden a_k; das heisst, es gilt

$$a_p \notin \langle a_1, a_2, \ldots, a_{p-1} \rangle \qquad (1 \le p \le r).$$

(b′) Kein a_p ist Linearkombination der übrigen a_k.

(c′) Aus

$$\sum_{k=1}^{r} \lambda_k a_k = 0 \quad (\in V)$$

folgt $\lambda_1 = \lambda_2 = \ldots = \lambda_r = 0$.

¶2. Die Vektoren $e_1, \ldots, e_n \in \mathbb{R}^n$ sind offensichtlich linear unabhängig. Dasselbe gilt von den Vektoren

$$f_1 := (1, 0, 0, \ldots, 0),$$
$$f_2 := (1, 1, 0, \ldots, 0),$$
$$\vdots$$
$$f_n := (1, 1, 1, \ldots, 1),$$

denn keiner ist eine Linearkombination der vorangehenden. ¶

¶3. Die Zahlen $\alpha_1, \alpha_2, \ldots, \alpha_r \in \mathbb{R}$ seien paarweise voneinander verschieden. Wir zeigen:

(*) Die Funktionen $e^{\alpha_1 t}, e^{\alpha_2 t}, \ldots, e^{\alpha_r t} \in C^\infty(\mathbb{R})$ sind linear unabhängig.

⌐ Man darf annehmen, dass die α_k der Grösse nach geordnet sind:

$$\alpha_1 < \alpha_2 < \ldots < \alpha_r.$$

Ist (*) falsch, so gibt es ein p und Zahlen λ_k $(1 \leq k \leq p-1)$ mit

$$e^{\alpha_p t} \equiv \sum_{k=1}^{p-1} \lambda_k e^{\alpha_k t}.$$

Hieraus folgt

$$f(t) := \sum_{k=1}^{p-1} \lambda_k e^{(\alpha_k - \alpha_p)t} \equiv 1.$$

Wegen

$$\alpha_k - \alpha_p < 0 \qquad (1 \leq k \leq p-1)$$

ist aber $\lim_{t \to \infty} f(t) = 0$, was sich mit $f(t) \equiv 1$ nicht verträgt. Die Leugnung von (*) führt also auf einen Widerspruch.

7.2. Basen

Ein linear unabhängiges Erzeugendensystem eines Vektorraums V heisst eine *Basis* von V. Die wesentliche Eigenschaft einer Basis ist festgehalten in dem folgenden

Satz 1. *Ist $(b_1, b_2, \ldots, b_n)$ eine Basis des Vektorraums V, so besitzt jeder Vektor $x \in V$ eine Darstellung*

$$x = \xi_1 b_1 + \xi_2 b_2 + \ldots + \xi_n b_n = \sum_{k=1}^{n} \xi_k b_k \qquad (2)$$

mit eindeutig bestimmten Koeffizienten ξ_k.

$\lceil$ Da die b_k den Raum V erzeugen, gilt (2) für geeignete ξ_k. Es sei jetzt

$$x = \sum_{k=1}^{n} \xi_k' b_k$$

eine weitere Darstellung desselben Vektors x. Dann gilt

$$\sum_{k=1}^{n} (\xi_k - \xi_k') b_k = x - x = 0 \quad (\in V),$$

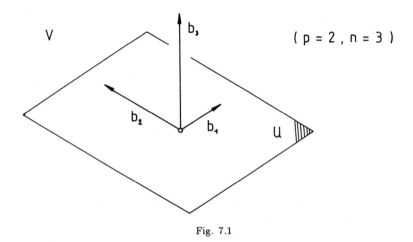

Fig. 7.1

und somit, da die b_k nach Voraussetzung linear unabhängig sind:

$$\xi_k = \xi_k' \qquad (1 \le k \le n) .$$
⌟

Aufgrund dieses Satzes "induziert" die Vorgabe einer Basis $(b_1, b_2, \ldots, b_n)$ von V eine Abbildung

$$\phi : V \to \mathbb{R}^n, \quad x \mapsto (\xi_1, \xi_2, \ldots, \xi_n),$$

und zwar ist ϕ ein *Isomorphismus*: ϕ ist bijektiv, und der Summe $x + y$ zweier Vektoren entspricht die Summe der zugehörigen n-Tupel; analog für λx.

¶4. Es sei $Ax = 0$ ein homogenes lineares Gleichungssystem. Die am Schluss des vorangehenden Kapitels konstruierten Vektoren $v^{(k)}$ ($k \notin P$) bilden, wie schon dort bemerkt, eine Basis des Lösungsraums $\mathcal{L}$. Die genaue numerische Ausprägung der $v^{(k)}$ hängt wesentlich ab von den während der Reduktion des Gleichungssystems getroffenen Entscheidungen. Die (?) Basis von $\mathcal{L}$ ist also mitnichten eindeutig bestimmt, und es gibt auch keine in irgend einer Weise ausgezeichnete "Standardbasis" von $\mathcal{L}$.   ¶

Jeder Vektorraum besitzt Basen. Es gilt sogar (ohne Beweis):

Satz 2. *Jedes linear unabhängige System von Vektoren $a_k \in V$ lässt sich zu einer Basis von V ergänzen.*

Eine typische Anwendung dieses Satzes ist (Fig. 7.1):

Korollar 3. *Es sei U ein Unterraum des (endlich erzeugten) Vektorraums V. Dann gibt es eine Basis $(b_1, \ldots, b_n)$ von V und ein $p \le n$ derart, dass $(b_1, \ldots, b_p)$ eine Basis von U ist.*

Der folgende Satz ist ein Eckpfeiler der linearen Algebra und soll darum in aller Form bewiesen werden:

Satz 4. *Alle Basen eines endlich erzeugten Vektorraums V bestehen aus derselben Anzahl Vektoren.*

Die genannte Anzahl ist die wohlbestimmte *Dimension* von V (wir haben mit diesem Begriff informell schon hie und da operiert) und wird mit $\dim V$ bezeichnet. Satz 4 folgt sofort aus dem nachstehenden Lemma:

Lemma 5. *Ist $(b_1, \dots, b_m)$ ein Erzeugendensystem von V, so ist jede Kollektion von $n > m$ Vektoren $a_k \in V$ linear abhängig.*

$\ulcorner$ Die a_k lassen sich jedenfalls als Linearkombinationen der b_i darstellen: Es gibt eine $(m \times n)$-Matrix $[\alpha_{ik}]$ mit

$$a_k = \sum_{i=1}^{m} \alpha_{ik} b_i \qquad (1 \leq k \leq n). \tag{3}$$

Jetzt kommt die Pointe des Beweises: Betrachte das homogene lineare Gleichungssystem

$$\sum_{k=1}^{n} \alpha_{ik} \lambda_k = 0 \qquad (1 \leq i \leq m) \tag{4}$$

von m Gleichungen in n $(> m)$ Unbekannten λ_k. Es besitzt nach Satz 5.3 eine nichttriviale Lösung $(\lambda_1, \dots, \lambda_n) \neq 0 \in \mathbb{R}^n$. Mit diesen λ_k bilden wir den Vektor

$$a := \sum_{k=1}^{n} \lambda_k a_k$$

und erhalten aufgrund von (3) und (4):

$$a = \sum_{k=1}^{n} \lambda_k \left(\sum_{i=1}^{m} \alpha_{ik} b_i \right) = \sum_{i=1}^{m} \left(\sum_{k=1}^{n} \alpha_{ik} \lambda_k \right) b_i$$
$$= 0,$$

womit die lineare Abhängigkeit der a_k erwiesen ist. $\lrcorner$

¶5. Betrachte die homogene lineare Differentialgleichung

$$\ddot{y} + y = 0. \tag{5}$$

Ihre Lösungen bilden einen Unterraum $\mathcal{L} \subset C^\infty(\mathbb{R})$. Wir behaupten: Es ist $\dim \mathcal{L} = 2$.

$\ulcorner$ Die zwei linear unabhängigen Funktionen $\cos$ und $\sin$ sind offensichtlich Lösungen. Es gilt zu zeigen:

$$\mathcal{L} = \langle \cos, \sin \rangle.$$

Wir bemerken zunächst, dass die Lösungen von (5) einem "Energiesatz" genügen: Aus $\ddot{y}(t) + y(t) \equiv 0$ folgt

$$\frac{d}{dt}(y^2(t) + \dot{y}^2(t)) = 2y\dot{y} + 2\dot{y}\ddot{y} = 2\dot{y}(y + \ddot{y}) \equiv 0$$

und somit

$$(y^2(t) + \dot{y}^2(t)) = \text{const.}$$

Es sei jetzt $y : t \mapsto y(t)$ eine beliebige Lösung von (5). Dann ist die Hilfsfunktion

$$y_*(t) := y(t) - y(0)\cos t - \dot{y}(0)\sin t$$

ebenfalls eine Lösung und besitzt die zusätzliche Eigenschaft

$$y_*(0) = \dot{y}_*(0) = 0.$$

Nach dem "Energiesatz" ist somit

$$y_*^2(t) + \dot{y}_*^2(t) \equiv 0,$$

also $y_*(t) \equiv 0$. Dies beweist

$$y = y(0)\cos + \dot{y}(0)\sin \ \in \ \langle\cos, \sin\rangle \ .$$

7.3. Rang einer Matrix

Wir bestimmen nun die Dimension von einigen Räumen, die im Zusammenhang mit Matrizen und linearen Gleichungssystemen eine Rolle spielen.

Es sei $A = [a_{ik}]$ eine $(m \times n)$-Matrix und Z der Zeilenraum von A, das ist der von den m Zeilenvektoren

$$\text{row}_i = (a_{i1}, a_{i2}, \ldots, a_{in}) \ \in \mathbb{R}^n \quad (1 \leq i \leq m) \tag{6}$$

erzeugte Unterraum des $\mathbb{R}^n$. Wir behaupten: Z bleibt bei Zeilenoperationen unverändert.

⌐ Es sei $\tilde{Z}$ der nach Vollzug einer Zeilenoperation resultierende Zeilenraum. Die neuen Zeilen sind (spezielle) Linearkombinationen der alten Zeilen, ergo sind auch beliebige Linearkombinationen der neuen Zeilen Linearkombinationen der alten Zeilen.. Dies beweist $\tilde{Z} \subset Z$, und aus Symmetriegründen gilt dann auch $Z \subset \tilde{Z}$.

Betrachten wir jetzt die Zeilenstufenform

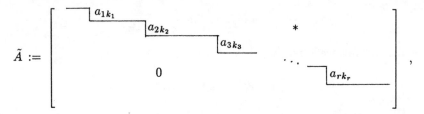

$a_{ik_i} \neq 0$, der Ausgangsmatrix A, so erzeugen die verbliebenen Zeilenvektoren immer noch denselben Unterraum $Z \subset \mathbb{R}^n$ wie die Vektoren (6). Mit Hilfe des Unabhängigkeitskriteriums (a') (von unten nach oben angewandt!) folgt:

$$\dim Z = r.$$

Die Zahl r ist also durch die Ausgangsmatrix A wohlbestimmt; sie heisst der *Rang* von A und wird mit rang(A) bezeichnet. Der Rang ist ein gewisses Mass für die "Qualität" einer Matrix. In diesem Sinne heisst eine n-reihige quadratische Matrix *regulär*, wenn sie den Rang n besitzt, sonst *singulär*.

Wir betrachten jetzt das homogene Gleichungssystem

$$\sum_{k=1}^n a_{ik} x_k = 0 \qquad (1 \leq i \leq m).$$

Der Lösungsraum besitzt eine Basis, bestehend aus $n - r$ Vektoren

$$v^{(k)} \qquad (k \neq k_i \ (1 \leq i \leq r))$$

(siehe den Schluss von Abschnitt 6.2). Hieraus ergibt sich der folgende *Hauptsatz über homogene Gleichungssysteme*:

Satz 6. *Es sei A eine $(m \times n)$-Matrix und $\mathcal{L}$ der Lösungsraum des homogenen Gleichungssystems $Ax = 0$. Dann gilt*

$$\dim \mathcal{L} = n - \text{rang}(A).$$

Da sich das System $Ax = 0$ in der Form

$$\begin{bmatrix} a_{11} \\ a_{21} \\ \vdots \\ a_{m1} \end{bmatrix} x_1 + \begin{bmatrix} a_{12} \\ a_{22} \\ \vdots \\ a_{m2} \end{bmatrix} x_2 + \ldots + \begin{bmatrix} a_{1n} \\ a_{2n} \\ \vdots \\ a_{mn} \end{bmatrix} x_n = \begin{bmatrix} 0 \\ 0 \\ \vdots \\ 0 \end{bmatrix}$$

darstellen lässt, kann man $\mathcal{L}$ als "Gesamtheit der zwischen den Kolonnen von A bestehenden linearen Abhängigkeiten" auffassen. Zeilenoperationen lassen $\mathcal{L}$ unverändert; somit bestehen zwischen den n Kolonnen von $\tilde{A}$ dieselben linearen Abhängigkeiten wie zwischen denen von A. Hieraus schliesst man auf

$$\dim K = \dim \tilde{K}.$$

Da alle Kolonnenvektoren von $\tilde{A}$ in

$$\langle e_1, e_2, \ldots, e_r \rangle \subset \mathbb{R}^m$$

liegen, ist jedenfalls $\dim \tilde{K} \leq r$, und da die r Pivotkolonnen von $\tilde{A}$ linear unabhängig sind, gilt auch $\dim \tilde{K} \geq r$. Damit ist gezeigt:

Satz 7. *Für eine beliebige $(m \times n)$-Matrix A gilt*

$$\dim Z = \dim K = \mathrm{rang}(A).$$

Korollar 8. *Für beliebiges $A \in \mathbb{R}^{m \times n}$ gilt*

$$\mathrm{rang}(A) \leq \min\{m, n\}.$$

¶6. Die Matrix

$$A := \begin{bmatrix} \alpha & 1 \\ \beta & 2\beta \\ 6 & 3 \end{bmatrix}$$

besitzt von vornherein einen Rang $r \leq 2$. Ist $\alpha \neq 2$, so sind die erste und die dritte Zeile linear unabhängig, und es ist $r = 2$. Ist $\alpha = 2$, aber $\beta \neq 0$, so sind die erste und die zweite Zeile linear unabhängig, und es ist ebenfalls $r = 2$. Im verbleibenden Fall $\alpha = 2$, $\beta = 0$, also

$$A := \begin{bmatrix} 2 & 1 \\ 0 & 0 \\ 6 & 3 \end{bmatrix},$$

ist $r = 1$.   ¶

Werden in einer $(m \times n)$-Matrix A gewisse Zeilen und Kolonnen gestrichen und die übrigen, wenn nötig, zusammengeschoben, so entsteht eine *Teilmatrix* von A. Ohne Beweis notieren wir zum Schluss:

Satz 9. *Der Rang von A ist gleich der Ordnung der grössten regulären (quadratischen) Teilmatrizen von A.*

¶7. Die Matrix

$$A := \begin{bmatrix} 2 & 4 & -6 & 0 & -4 \\ -1 & -2 & 3 & 0 & 2 \\ 3 & 6 & -9 & 0 & -6 \\ 1 & 2 & -3 & 0 & -2 \end{bmatrix}$$

besitzt reguläre (1×1)-Teilmatrizen, z.B. $[2]$, aber keine regulären (2×2)-Teilmatrizen (verifizieren!). Somit ist rang$(A) = 1$.   ¶

8. Die Determinante

8.1. Einführung

Der Determinantenbegriff hat verschiedene Gesichter.

(a) Die Determinante $\det A$ ist eine für quadratische Matrizen A definierte Testgrösse, deren Verschwinden die Singularität der betreffenden Matrix anzeigt:

$$\det A = 0 \quad \Leftrightarrow \quad A \text{ singulär.}$$

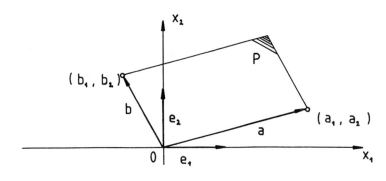

Fig. 8.1

(b) Geometrisch: Die n Kolonnenvektoren

$$a_k := \begin{bmatrix} a_{1k} \\ a_{2k} \\ \vdots \\ a_{nk} \end{bmatrix} \quad (1 \leq k \leq n)$$

einer $(n \times n)$-Matrix A spannen ein Parallelepiped (einen n-$Spat$) P im $\mathbb{R}^n$ auf:

$$P := \{x \in \mathbb{R}^n \mid x = \sum_{k=1}^{n} \xi_k a_k, \quad 0 \leq \xi_k \leq 1 \ (1 \leq k \leq n)\}.$$

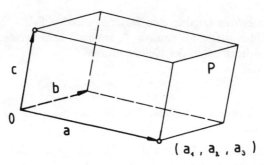

Fig. 8.2

Dieser Spat besitzt ein n-dimensionales Volumen $\mu(P) \geq 0$. Es gilt

$$\det A = \pm \mu(P),$$

wobei über das Vorzeichen noch gesprochen werden muss.

Im Fall $n = 2$ sieht das folgendermassen aus (Fig. 8.1): Die zwei Kolonnenvektoren $a := (a_1, a_2)$ und $b := (b_1, b_2)$ der Matrix

$$A := \begin{bmatrix} a_1 & b_1 \\ a_2 & b_2 \end{bmatrix}$$

spannen ein Parallelogramm P in der (x_1, x_2)-Ebene auf. Wie in der analytischen Geometrie gezeigt wird, besitzt P den Flächeninhalt

$$\mu(P) = \pm(a_1 b_2 - a_2 b_1),$$

wobei das Vorzeichen davon abhängt, ob das Vektorpaar (a, b) gleich orientiert ist wie (e_1, e_2) oder nicht. Die Determinante der obigen Matrix A hat definitionsgemäss den Wert

$$\det A := a_1 b_2 - a_2 b_1. \tag{1}$$

Im dreidimensionalen Fall geht es um eine allgemeine (3×3)-Matrix

$$A := \begin{bmatrix} a_1 & b_1 & c_1 \\ a_2 & b_2 & c_2 \\ a_3 & b_3 & c_3 \end{bmatrix}.$$

Die drei Kolonnenvektoren (Fig. 8.2) spannen einen 3-Spat P auf, dessen Volumen sich als gemischtes Vektorprodukt schreiben lässt:

$$\mu(P) = \pm a \bullet (b \times c),$$

und zwar gilt das $+$-Zeichen, wenn die drei Vektoren a, b, c in dieser Reihenfolge ein Rechtssystem bilden. Wird hier die rechte Seite durch die Koordinaten von a, b und c ausgedrückt, so erhält man gerade die Determinante der Matrix A, denn diese Determinante ist definiert durch

$$\det A := a_1(b_2 c_3 - b_3 c_2) + a_2(b_3 c_1 - b_1 c_3) + a_3(b_1 c_2 - b_2 c_1). \tag{2}$$

Wir kehren zurück zum n-dimensionalen Fall. Das Volumen $\mu(P)$ unseres Spates ist genau dann $= 0$, wenn P kein "echter" n-Spat ist, sondern "plattgedrückt", weil der Kolonnenraum

$$K = \langle a_1, a_2, \ldots, a_n \rangle$$

eine Dimension $< n$ besitzt. Dies ist nach Satz 7.7 äquivalent damit, dass A singulär ist.

(c)   Algebraisch: Werden die n^2 Elemente a_{ik} einer $(n \times n)$-Matrix A als Variable betrachtet, so erscheint die Determinante als Funktion

$$\det \; : \; \mathbb{R}^{n \times n} \to \mathbb{R}, \quad A \mapsto \det A$$

mit gewissen algebraischen und Symmetrie-Eigenschaften. Im Fall $n = 1$, d.h. $A = [\alpha]$, ist $\det A := \alpha$. Für $n = 2$ und $n = 3$ gelten die Formeln (1) und (2). Man erkennt: $\det A$ ist ein homogenes Polynom vom Grad n in den Variablen a_{ik}, dessen Terme bestimmte Vorzeichen aufweisen.

8.2. Eigenschaften der Determinante

Nach der Vorschau des vorangehenden Abschnitts formulieren wir definitiv:

Satz 1. *Es gibt eine wohlbestimmte Funktion*

$$\det \; : \; \mathbb{R}^{n \times n} \to \mathbb{R}, \quad A \mapsto \det A,$$

genannt Determinante, mit den folgenden Eigenschaften:

(a) *Entsteht A_{flip} aus A durch Vertauschung von zwei Zeilen oder Kolonnen, so ist*

$$\det(A_{flip}) = -\det A.$$

Insbesondere: Besitzt A zwei gleiche Zeilen oder zwei gleiche Kolonnen, so ist $\det A = 0$.

(b) *Wird eine beliebige Zeile, etwa row_i, der Matrix A als Vektorvariable betrachtet:*

$$\mathrm{row}_i := (x_1, \ldots, x_n),$$

und wird die Matrix $A =: [A \,|\, x]$ im übrigen festgehalten, so gilt:

$$\det[A \,|\, x + y] = \det[A \,|\, x] + \det[A \,|\, y],$$

$$\det[A \,|\, \lambda x] = \lambda \det[A \,|\, x], \qquad \det[A \,|\, 0] = 0,$$

und analog, wenn eine bestimmte Kolonne als Vektorvariable betrachtet wird. In anderen Worten: Die Determinante ist eine lineare Funktion jeder einzelnen Zeile bzw. Kolonne.

(c)
$$\det(A \cdot B) = \det A \cdot \det B \qquad (Multiplikationssatz);$$

insbesondere gilt

$$\det I = 1, \qquad \det(A^{-1}) = \frac{1}{\det A}.$$

(d) Hat die Matrix A Kästchenform mit quadratischen Teilmatrizen A_1, A_2:

$$A = \begin{bmatrix} \boxed{A_1} & 0 \\ 0 & \boxed{A_2} \end{bmatrix},$$

so gilt
$$\det A = \det A_1 \cdot \det A_2.$$

(e) Die Determinante bleibt bei Transposition der Matrix ungeändert:

$$\det A' = \det A.$$

Dass eine derartige Funktion für jedes $n \geq 1$ existiert, ist ein Wunder und kann hier nicht bewiesen werden. Für $n = 2$ und $n = 3$ lassen sich die behaupteten Eigenschaften an den Formeln (1) und (2) direkt verifizieren. — Eine altmodische, aber manchmal handliche Bezeichnung für $\det A$ ist $|A|$.

Wir ziehen nun aus Satz 1 einige Folgerungen, die uns instandsetzen, $\det A$ mit vernünftigem Aufwand numerisch zu berechnen.

Satz 2. *Zeilen- bzw. Kolonnenoperationen (op3) ändern den Wert der Determinante nicht.*

$\ulcorner$ Es seien $\mathrm{row}_i := x$ und $\mathrm{row}_j := y$ zwei *verschiedene* variable Zeilen der im übrigen festgehaltenen Matrix $A =: [A \,|\, x, y]$. Dann gilt nach Satz 1(b) und (a):

$$\begin{aligned} \det[A \,|\, x, \, y + \lambda x] &= \det[A \,|\, x, \, y] + \det[A \,|\, x, \, \lambda x] \\ &= \det[A \,|\, x, \, y] + \lambda \det[A \,|\, x, \, x] \\ &= \det[A \,|\, x, \, y] \,. \end{aligned}$$

$\lrcorner$

Satz 3. *Die Determinante einer Dreiecksmatrix $A \in \mathbb{R}^{n \times n}$ ist das Produkt der Diagonalelemente.*

$\lceil$ Die Behauptung trifft trivialerweise zu für $n = 1$ und werde für $n - 1$ als richtig angenommen. A hat die Form

$$A = \begin{bmatrix} & & & a_{1n} \\ & \hat{A} & & \vdots \\ & & & a_{n-1,n} \\ & 0 & & a_{nn} \end{bmatrix},$$

dabei ist $\hat{A}$ eine obere Dreiecksmatrix der Ordnung $n - 1$. Ist $a_{nn} = 0$, so gilt

$$\det A = 0 = a_{11} \cdot a_{22} \cdots \cdot a_{nn},$$

wie behauptet. Ist $a_{nn} \neq 0$, so lassen sich alle a_{in} $(1 \leq i \leq n - 1)$ durch Operationen mit der letzten Zeile zum Verschwinden bringen. Dabei bleiben a_{nn}, $\hat{A}$ und nach Satz 2 auch $\det A$ unverändert. Die resultierende Matrix hat Kästchenform; nach Satz 1(d) und Induktionsvoraussetzung gilt somit

$$\det A = \det \hat{A} \cdot a_{nn} = a_{11} \cdot a_{22} \cdots \cdot a_{n-1,n-1} \cdot a_{nn} \ . \qquad \rfloor$$

Das Vorgehen zur numerischen Berechnung einer Determinante ist damit klar: Man bringe die Ausgangsmatrix mit Zeilen- oder Kolonnenoperationen (op3) auf Dreiecksform und bilde das Produkt der Diagonalelemente. Für jeden Flip ist ein Faktor -1 aufzunehmen. — Wie wir in Abschnitt 5.2 gesehen haben, beträgt der Rechenaufwand zur Herstellung der Dreiecksform etwa $(n^3/3)\,\mu$; die Berechnung der Determinante erfordert nur unwesentlich mehr Operationen.

¶1.

$$\begin{vmatrix} 1 & 5 & -3 & 1 & 4 \\ 1 & 3 & 1 & -1 & 5 \\ -2 & -8 & 2 & 3 & -8 \\ 0 & -2 & 5 & -1 & 4 \\ -3 & -15 & 11 & -7 & -6 \end{vmatrix} = \begin{vmatrix} 1 & 5 & -3 & 1 & 4 \\ 0 & -2 & 4 & -2 & 1 \\ 0 & 2 & -4 & 5 & 0 \\ 0 & -2 & 5 & -1 & 4 \\ 0 & 0 & 2 & -4 & 6 \end{vmatrix}$$

$$= \begin{vmatrix} 1 & 5 & -3 & 1 & 4 \\ 0 & -2 & 4 & -2 & 1 \\ 0 & 0 & 0 & 3 & 1 \\ 0 & 0 & 1 & 1 & 3 \\ 0 & 0 & 2 & -4 & 6 \end{vmatrix} = - \begin{vmatrix} 1 & 5 & -3 & 1 & 4 \\ 0 & -2 & 4 & -2 & 1 \\ 0 & 0 & 1 & 1 & 3 \\ 0 & 0 & 0 & 3 & 1 \\ 0 & 0 & 2 & -4 & 6 \end{vmatrix}$$

$$= - \begin{vmatrix} 1 & 5 & -3 & 1 & 4 \\ 0 & -2 & 4 & -2 & 1 \\ 0 & 0 & 1 & 1 & 3 \\ 0 & 0 & 0 & 3 & 1 \\ 0 & 0 & 0 & -6 & 0 \end{vmatrix} = - \begin{vmatrix} 1 & 5 & -3 & 1 & 4 \\ 0 & -2 & 4 & -2 & 1 \\ 0 & 0 & 1 & 1 & 3 \\ 0 & 0 & 0 & 3 & 1 \\ 0 & 0 & 0 & 0 & 2 \end{vmatrix}$$

$$= - 1 \cdot (-2) \cdot 1 \cdot 3 \cdot 2 = 12.$$

Um Schreibarbeit zu sparen, kann man das Produkt der schon bestimmten Pivots jeweils vor Klammer nehmen und nur noch an einer sich laufend verkleinernden Restmatrix operieren. Mit der gleichen Ausgangsmatrix sieht das so aus:

$$= 1 \cdot \begin{vmatrix} -2 & 4 & -2 & 1 \\ 2 & -4 & 5 & 0 \\ -2 & 5 & -1 & 4 \\ 0 & 2 & -4 & 6 \end{vmatrix} = -2 \cdot \begin{vmatrix} 0 & 3 & 1 \\ 1 & 1 & 3 \\ 2 & -4 & 6 \end{vmatrix} = 2 \cdot \begin{vmatrix} 1 & 1 & 3 \\ 0 & 3 & 1 \\ 2 & -4 & 6 \end{vmatrix}$$

$$= 2 \cdot \begin{vmatrix} 3 & 1 \\ -6 & 0 \end{vmatrix} = 6 \cdot |2| = 12. \qquad\qquad ¶$$

Korollar 4.
$$\det A = 0 \qquad \Longleftrightarrow \qquad A \text{ singulär.}$$

Ist A eine quadratische Teilmatrix einer $(m \times n)$-Matrix B, so heisst $\det A$ eine *Unterdeterminante* (auch: *Minor*) von B. Mit Satz 7.9 folgt:

Korollar 5. *Der Rang einer $(m \times n)$-Matrix B ist gleich der Ordnung der grössten nichtverschwindenden Unterdeterminanten von B.*

Vergleiche hierzu nocheinmal Beispiel 7.¶7!

8.3. Entwicklung nach Zeilen

Eine zweite Art, Determinanten abzubauen, ist die sogenannte Entwicklung nach einer Zeile (Kolonne). Fürs numerische Rechnen bringt sie nichts, aber man erfährt dabei etwas über den algebraischen Aufbau der Determinantenfunktion.

Betrachte ein festes Paar (i, k). Streicht man row_i und col_k der Matrix $A \in \mathbb{R}^{n \times n}$, so erhält man eine $(n-1)$-reihige quadratische Teilmatrix $[A]_{\hat{i}\hat{k}}$ (das Zeichen $\hat{\ }$ steht für "Unterdrückung"). Die Grösse

$$A_{ik} := (-1)^{i+k} \det[A]_{\hat{i}\hat{k}}, \qquad\qquad (3)$$

also der mit einem Vorzeichen versehene *Minor des Elements* a_{ik}, heisst der *Kofaktor* von a_{ik} in der Determinante $\det A$. Es gilt nämlich

$$\det A = A_{ik} \cdot a_{ik} + \dots,$$

wobei die durch Punkte angedeuteten Terme das betrachtete a_{ik} nicht enthalten. Es gilt sogar, und damit kommen wir auf die versprochene *Entwicklung nach einer Zeile* bzw. *nach einer Kolonne* (ohne Beweis):

Satz 6. *Für jedes feste i gilt*

$$\det A = \sum_{k=1}^{n} a_{ik} A_{ik} = a_{i1} A_{i1} + a_{i2} A_{i2} + \ldots + a_{in} A_{in},$$

und für jedes feste k gilt

$$\det A = \sum_{i=1}^{n} a_{ik} A_{ik} = a_{1k} A_{1k} + a_{2k} A_{2k} + \ldots + a_{nk} A_{nk}.$$

Damit man sieht, was das bedeutet, entwickeln wir zunächst eine (2×2)-Matrix nach der ersten Zeile:

$$\det \begin{bmatrix} a_{11} & a_{12} \\ a_{21} & a_{22} \end{bmatrix} = a_{11} \det[a_{22}] - a_{12} \det[a_{21}]$$

$$= a_{11} a_{22} - a_{12} a_{21},$$

in Übereinstimmung mit (1). Damit erhalten wir für eine (3×3)-Matrix durch Entwicklung nach der ersten Kolonne:

$$\begin{vmatrix} a_1 & b_1 & c_1 \\ a_2 & b_2 & c_2 \\ a_3 & b_3 & c_3 \end{vmatrix} = a_1 \begin{vmatrix} b_2 & c_2 \\ b_3 & c_3 \end{vmatrix} - a_2 \begin{vmatrix} b_1 & c_1 \\ b_3 & c_3 \end{vmatrix} + a_3 \begin{vmatrix} b_1 & c_1 \\ b_2 & c_2 \end{vmatrix}$$

$$= a_1(b_2 c_3 - b_3 c_2) + a_2(b_3 c_1 - b_1 c_3) + a_3(b_1 c_2 - b_2 c_1),$$

im Einklang mit (2).

Die Matrix $\tilde{A} := [A_{ik}]$ der Kofaktoren von $A := [a_{ik}]$ steht in einem bestimmten Zusammenhang mit der zu A inversen Matrix A^{-1}. Es gilt nämlich:

Satz 7. *Es sei $\tilde{A}$ die Matrix der Kofaktoren (3) der regulären Matrix $A \in \mathbb{R}^{n \times n}$. Dann gilt*

$$A^{-1} = \frac{1}{\det A} \tilde{A}'.$$

⌐   Wir müssen zeigen:

$$A \cdot \tilde{A}' = \det A \cdot I.$$

Betrachte ein festes Paar (i, j). Das Element elm_{ij} von $A \cdot \tilde{A}'$ ist gegeben durch

$$\mathrm{elm}_{ij}(A \cdot \tilde{A}') = \mathrm{row}_i(A) \bullet \mathrm{col}_j(\tilde{A}') = \mathrm{row}_i(A) \bullet \mathrm{row}_j(\tilde{A}). \qquad (4)$$

Aufgrund von Satz 6 ist hier die rechte Seite $= \det A$, falls $i = j$, und $= 0$, falls $i \neq j$. Ist nämlich $i \neq j$,, so kann man sich die rechte Seite von (4) vorstellen als Entwicklung von $\det A$ nach der j-ten Zeile, wobei aber row_j selbst durch eine

Kopie von row_i ersetzt ist. Mithin wird dann letzten Endes die Determinante einer Matrix mit zwei gleichen Zeilen ausgerechnet. ⌟

¶2. Betrachte die Matrix

$$A := \begin{bmatrix} a + \lambda & b + \lambda \\ b - \lambda & a - \lambda \end{bmatrix}.$$

Es ist

$$\det A = (a^2 - \lambda^2) - (b^2 - \lambda^2) = a^2 - b^2.$$

Hiernach ist A regulär, falls $a \neq \pm b$ ist (unabhängig von λ), was wir im folgenden voraussetzen wollen. Die Matrix $\tilde{A}$ der Kofaktoren ist nach (3) gegeben durch

$$\tilde{A} = \begin{bmatrix} a - \lambda & -(b - \lambda) \\ -(b + \lambda) & a + \lambda \end{bmatrix}.$$

Hieraus folgt mit Satz 7:

$$A^{-1} = \begin{bmatrix} \dfrac{a - \lambda}{a^2 - b^2} & \dfrac{-b - \lambda}{a^2 - b^2} \\ \dfrac{-b + \lambda}{a^2 - b^2} & \dfrac{a + \lambda}{a^2 - b^2} \end{bmatrix}.$$

¶

Im Anschluss an Satz 6 ist es erlaubt, einen kurzen Blick auf das allgemeine "Bildungsgesetz" der Determinante zu werfen. Betrachten wir etwa die Entwicklung nach der ersten Zeile:

$$\det A = a_{11} \det[A]_{\hat{1}\hat{1}} - a_{12} \det[A]_{\hat{1}\hat{2}} + \ldots + (-1)^{n+1} a_{1n} \det[A]_{\hat{1}\hat{n}}, \qquad (5)$$

so sehen wir: Die Determinante einer n-reihigen Matrix hat n-mal soviel Terme wie die Determinante einer $(n-1)$-reihigen Matrix, also — wie leicht einzusehen — genau $n!$ Terme. Weiter schliesst man aus (5) mit vollständiger Induktion: Jeder einzelne Term ist ein signiertes, d.h. mit einem gewissen Vorzeichen versehenes, Produkt von n Faktoren a_{ik}, und zwar stammt aus jeder Zeile und aus jeder Kolonne genau ein Faktor. Da sich gerade $n!$ Terme mit dieser Eigenschaft bilden lassen, ergibt sich

Satz 8. *Die Determinante einer (variablen) Matrix $A \in \mathbb{R}^{n \times n}$ ist eine "alternierende" Summe von $n!$ Termen, und zwar der sämtlichen möglichen Produkte von n Matrixelementen, keine zwei davon aus derselben Zeile oder derselben Kolonne.*

(Mit den Gänsefüsschen ist zum Ausdruck gebracht, dass wir das Vorzeichengesetz nicht untersucht haben.)

Nach diesem Satz ist es erstaunlich, dass sich die Determinante einer numerisch gegebenen $(n \times n)$-Matrix mit einem Aufwand von nur $(n^3/3)\,\mu$ berechnen lässt. Im Gegensatz dazu erfordert die Berechnung der sogenannten *Permanente* (alle $n!$ Produkte ohne Vorzeichenwechsel aufaddiert) bewiesenermassen volle $(n-1)\,n!\,\mu$.

Wir schliessen diesen Abschnitt mit der Berechnung einer in verschiedenen Anwendungen auftauchenden Determinante algebraischer Natur. Es geht um die sogenannte *Vandermondesche Determinante*

$$V(\lambda_1,\ldots,\lambda_n) := \det \begin{bmatrix} 1 & 1 & 1 & \cdots & 1 \\ \lambda_1 & \lambda_2 & \cdots & & \lambda_n \\ \lambda_1^2 & \lambda_2^2 & & & \lambda_n^2 \\ \vdots & \vdots & & & \vdots \\ \lambda_1^{n-1} & \lambda_2^{n-1} & & & \lambda_n^{n-1} \end{bmatrix}$$

mit unabhängigen Variablen $\lambda_1, \lambda_2, \ldots \lambda_n$. Es ist

$$V(\lambda_1, \lambda_2) = \det \begin{bmatrix} 1 & 1 \\ \lambda_1 & \lambda_2 \end{bmatrix} = \lambda_2 - \lambda_1$$

und

$$V(\lambda_1, \lambda_2, \lambda_3) = \begin{vmatrix} 1 & 1 & 1 \\ \lambda_1 & \lambda_2 & \lambda_3 \\ \lambda_1^2 & \lambda_2^2 & \lambda_3^2 \end{vmatrix} = \begin{vmatrix} 1 & 0 & 0 \\ \lambda_1 & \lambda_2 - \lambda_1 & \lambda_3 - \lambda_1 \\ \lambda_1^2 & \lambda_2^2 - \lambda_1^2 & \lambda_3^2 - \lambda_1^2 \end{vmatrix}$$

$$= (\lambda_2 - \lambda_1)(\lambda_3 - \lambda_1) \begin{vmatrix} 1 & 1 \\ \lambda_2 + \lambda_1 & \lambda_3 + \lambda_1 \end{vmatrix}$$

$$= (\lambda_2 - \lambda_1)(\lambda_3 - \lambda_1)(\lambda_3 - \lambda_2).$$

Mit Satz 8 folgt allgemein: $V(\lambda_1,\ldots,\lambda_n)$ ist ein homogenes Polynom vom Grad

$$0 + 1 + 2 + \ldots + (n-1) = \frac{(n-1)\,n}{2} = \binom{n}{2}$$

in den Variablen $\lambda_1, \lambda_2, \ldots, \lambda_n$. Wir zeigen:

Satz 9. *Es gilt*

$$V(\lambda_1,\ldots,\lambda_n) \equiv \prod_{i<j}(\lambda_j - \lambda_i);$$

insbesondere ist genau dann $V(\lambda_1,\ldots,\lambda_n) = 0$, wenn zwei λ_i übereinstimmen.

$\ulcorner$ Betrachte ein festes Paar (i,j), $i < j$. Nach der Operation

$$\mathrm{op}(3): \quad \mathrm{col}_j \quad \rightarrow \quad \mathrm{col}_j - \mathrm{col}_i$$

enthält jedes Element von col_j den Faktor $\lambda_j - \lambda_i$. Somit ist das Binom $\lambda_j - \lambda_i$ ein Teiler von $V(\lambda_1, \ldots, \lambda_n)$, und da das für alle Paare (i, j), $i < j$, gilt, ist notwendigerweise

$$V(\lambda_1, \ldots, \lambda_n) = \prod_{i<j}(\lambda_j - \lambda_i) \cdot W(\lambda_1, \ldots, \lambda_n)$$

für ein gewisses Polynom $W(\cdot)$. Nun besitzt

$$P_n := P(\lambda_1, \ldots, \lambda_n) := \prod_{i<j}(\lambda_j - \lambda_i)$$

schon den Grad $\binom{n}{2}$; folglich ist $W(\cdot)$ eine (möglicherweise von n abhängende) Konstante γ_n:

$$V_n := V(\lambda_1, \ldots, \lambda_n) = \gamma_n \cdot P_n. \tag{6}$$

Um den Wert von γ_n zu ermitteln, ordnen wir beide Seiten von (6) nach absteigenden Potenzen von λ_n. Auf der linken Seite haben wir

$$V_{n-1} \cdot \lambda_n^{n-1} + \text{ Terme kleineren Grades in } \lambda_n$$

(Entwicklung von V_n nach der letzten Kolonne), auf der rechten Seite

$$\gamma_n \cdot (P_{n-1} \cdot \lambda_n^{n-1} + \text{ Terme kleineren Grades in } \lambda_n).$$

Koeffizientenvergleich liefert

$$V_{n-1} = \gamma_n P_{n-1};$$

folglich ist $\gamma_n = \gamma_{n-1}$ und somit schliesslich $\gamma_n = \gamma_1 = 1$ für alle $n \geq 1$.

9. Lineare Abbildungen

9.1. Definitionen und Beispiele

Zum Strukturbegriff "Vektorraum" gehört der Abbildungsbegriff "lineare Abbildung". Eine Abbildung

$$A : V \to W, \quad x \mapsto Ax \tag{1}$$

zwischen zwei Vektorräumen V und W ist dann interessant, wenn sie die "linearen Relationen" zwischen den Vektoren aufrechterhält (Fig. 9.1), das heisst: wenn aus $z = x + y$ folgt $Az = Ax + Ay$ und wenn aus $y = \lambda x$ folgt $Ay = \lambda(Ax)$.

Fig. 9.1

Eine derartige Abbildung heisst *linear*. Lineare Abbildungen (1) sind hiernach charakterisiert durch die Eigenschaften

$$A(x + y) = Ax + Ay, \quad A(\lambda x) = \lambda(Ax).$$

¶1. Eine vorgegebene $(m \times n)$-Matrix $A = [\,a_{ik}\,]$ induziert eine (ebenfalls mit A bezeichnete!) lineare Abbildung

$$A : \mathbf{R}^n \to \mathbf{R}^m, \quad x \mapsto y := Ax,$$

indem man x und y als Kolonnenvektoren, Ax als Matrizenprodukt interpretiert:

$$\begin{bmatrix} y_1 \\ y_2 \\ \vdots \\ y_m \end{bmatrix} = \begin{bmatrix} a_{11} & a_{12} & \cdots & a_{1n} \\ a_{21} & a_{22} & & a_{2n} \\ \vdots & & & \vdots \\ a_{m1} & & & a_{mn} \end{bmatrix} \cdot \begin{bmatrix} x_1 \\ x_2 \\ \vdots \\ x_n \end{bmatrix}.$$

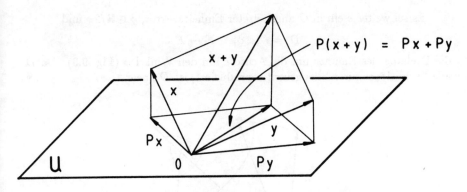

Fig. 9.2

Die Linearität der so definierten Abbildung A folgt aus den Rechenregeln für die Matrizenmultiplikation. ¶

¶2. Es sei $\mathrm{row}_i := x$ eine als Vektorvariable aufgefasste Zeile der im übrigen festgehaltenen Matrix $A =: [A \,|\, x]$. Dann ist

$$\phi : \ \mathbb{R}^n \to \mathbb{R}, \quad x \mapsto \det[A \,|\, x]$$

eine lineare Abbildung. — Die Ableitungsoperation

$$D: \ C^\infty(\mathbb{R}) \to C^\infty(\mathbb{R}), \quad y \mapsto y'$$

ist linear. Allgemeiner: Es seien $a_0, a_1, \ldots, a_n \in \mathbb{R}$ vorgegebene Koeffizienten. Dann ist

$$L: \ \left\{ \begin{array}{l} C^\infty(\mathbb{R}) \to \ C^\infty(\mathbb{R}) \\[4pt] y \ \mapsto \ a_n y^{(n)} + a_{n-1} y^{(n-1)} + \ldots + a_1 y' + a_0 y \end{array} \right.$$

eine lineare Abbildung. — Es sei $\tau \in \mathbb{R}$ eine vorgegebene "Messstelle" auf der t-Achse. Die sogenannte *Evaluationsabbildung*

$$\delta_\tau : \ C^\infty(\mathbb{R}) \to \mathbb{R}, \quad y \mapsto y(\tau)$$

ist trivialerweise linear. ¶

Eine lineare Abbildung mit Funktionswerten im "Grundkörper" $\mathbb{R}$ heisst ein *lineares Funktional* auf dem betreffenden Vektorraum. Die Abbildungen ϕ und δ_τ von Beispiel ¶2 sind lineare Funktionale.

¶3. Es sei O ein fest gewählter Ursprung des dreidimensionalen euklidischen Raumes E (Fig. 9.2). Die in O angehefteten Vektoren bilden bezüglich der geometrischen Addition einen Vektorraum, den wir ebenfalls mit E bezeichnen. Es sei weiter U eine Ebene durch O (also ein Unterraum von E) und P die Orthogonalprojektion von E auf U. Man kann P als Abbildung $E \to E$ oder als Abbildung $E \to U$ auffassen; jedenfalls ist P linear.

Es sei weiter e ein in O angehefteter Einheitsvektor, $\phi \in \mathbf{R}/2\pi$ und

$$D := D[e, \phi] \ : \ E \to E$$

die Drehung des Raumes um die Achse e um den Winkel ϕ (Fig. 9.3). Da D alle "Additionsfiguren" kongruent reproduziert, ist D linear. ¶

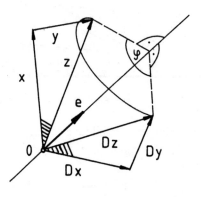

Fig. 9.3

9.2. Lineare Abbildungen und Matrizen

Zur rechnerischen Erfassung einer linearen Abbildung (1) zwischen endlichdimensionalen Vektorräumen V und W benötigen wir eine Basis $(e_1, \ldots, e_n)$ in V und analog eine Basis $(f_1, \ldots, f_m)$ in W. Ein allgemeiner Vektor $x \in V$ erscheint dann als

$$x = \sum_{k=1}^{n} x_k e_k = (x_1, \ldots, x_n) = \begin{bmatrix} x_1 \\ x_2 \\ \vdots \\ x_n \end{bmatrix}, \qquad (2)$$

analog ein $y \in W$. Wie berechnen sich die Koordinaten des Bildpunktes $y :=
Ax$ aus den Koordinaten von x?

Betrachte einen festen Vektor $e_k \in V$ (Fig. 9.4). Der Bildpunkt $Ae_k \in
W$ ist eine bestimmte Linearkombination der f_i; das heisst, es gibt eindeutig bestimmte Zahlen $a_{ik} \in \mathbf{R}$ $(1 \le i \le m)$ mit

$$Ae_k = \sum_{i=1}^{m} a_{ik} f_i = \begin{bmatrix} a_{1k} \\ a_{2k} \\ \vdots \\ a_{mk} \end{bmatrix}. \qquad (3)$$

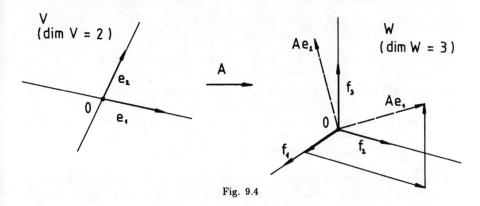

Fig. 9.4

Dies trifft für jedes einzelne k von 1 bis n zu. Schreiben wir die sich ergebenden Kolonnenvektoren in eine $(m \times n)$-Matrix:

$$
\begin{bmatrix}
a_{11} & a_{12} & \cdots & a_{1n} \\
a_{21} & a_{22} & \cdots & a_{2n} \\
\vdots & \vdots & & \vdots \\
a_{m1} & a_{m2} & & a_{mn}
\end{bmatrix} , \tag{4}
$$

so erhalten wir die *Matrix der Abbildung* A bezüglich der gegebenen Basen. Merke: In den Kolonnen der Matrix stehen die Bilder der Basisvektoren. Es ist üblich, die Abbildungsmatrix ebenfalls mit A zu bezeichnen; dies ist erlaubt, solange an den Basen nicht gerüttelt wird.

In der Matrix (4) ist alles, was es über die Abbildung A zu wissen gibt, gespeichert, und zwar auf denkbar ökonomische Art. Das heisst erstens: Durch (4) ist die Wirkung von A auf beliebige Vektoren $x \in V$ bestimmt, und zweitens: Es gibt genau soviele verschiedene lineare Abbildungen $A : V \to W$ wie $(m \times n)$-Matrizen (4).

Um das erste einzusehen, betrachten wir einen allgemeinen Punkt $x \in V$ und sein Bild $y := Ax$. Aufgrund von (2), der Linearität von A und (3) ergibt sich nacheinander

$$
y = Ax = A(\sum_{k=1}^{n} x_k e_k) = \sum_{k=1}^{n} x_k (Ae_k) = \sum_{k=1}^{n} x_k (\sum_{i=1}^{m} a_{ik} f_i)
$$
$$
= \sum_{i=1}^{m} (\sum_{k=1}^{n} a_{ik} x_k) f_i.
$$

Die Koordinaten y_i $(1 \leq i \leq m)$ von y sind demnach gegeben durch

$$
y_i = \sum_{k=1}^{n} a_{ik} x_k \quad (1 \leq i \leq m),
$$

oder in Matrizenschreibweise:

$$\begin{bmatrix} y_1 \\ y_2 \\ \vdots \\ y_m \end{bmatrix} = [\, a_{ik} \,] \cdot \begin{bmatrix} x_1 \\ x_2 \\ \vdots \\ x_n \end{bmatrix} .$$

Hiernach gilt dann auch $y = Ax$ im Sinn der Matrizenmultiplikation, womit das gesuchte Rechengesetz gefunden ist: Man erhält die Koordinaten des Bildpunktes y, indem man die Abbildungsmatrix A von links auf den Kolonnenvektor x "anwendet". Im Nachhinein erweist sich also Beispiel ¶1 nicht als "gesucht", sondern als typische Ausprägung einer linearen Abbildung.

¶4. (Vgl. Abschnitt 2.4) In der darstellenden Geometrie werden sogenannte axonometrische Bilder von dreidimensionalen Situationen hergestellt. Eine *allgemeine axonometrische Abbildung*

$$A : \mathbb{R}^3 \to \mathbb{R}^2, \quad (x_1, x_2, x_3) \mapsto (\bar{x}_1, \bar{x}_2)$$

kommt folgendermassen zustande: Zunächst werden die Bilder $\bar{e}_k := Ae_k$ ($1 \leq k \leq 3$) der Einheitspunkte auf den drei Achsen bzw. der drei Basisvektoren e_k mehr oder weniger willkürlich gewählt (Fig. 9.5):

$$Ae_1 := (\alpha_1, \beta_1), \quad Ae_2 := (\alpha_2, \beta_2), \quad Ae_3 := (\alpha_3, \beta_3).$$

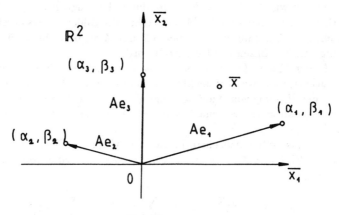

Fig. 9.5

(Die Vektoren Ae_1, Ae_2, Ae_3 müssen natürlich die ganze Ebene aufspannen. Der Anschauung kommt entgegen, wenn $\alpha_3 = 0$, $\beta_3 > 0$ ist; das Bild der x_3-Achse zeigt dann wieder senkrecht nach oben.) Im übrigen ist die Abbildung A linear. A besitzt demnach die Matrix

$$A = \begin{bmatrix} \alpha_1 & \alpha_2 & \alpha_3 \\ \beta_1 & \beta_2 & \beta_3 \end{bmatrix}$$

vom Rang 2, und für einen allgemeinen Punkt $x \in \mathbb{R}^3$ berechnen sich die
Koordinaten des Bildpunktes $\bar{x} = Ax \in \mathbb{R}^2$ wie folgt:

$$\left. \begin{array}{l} \bar{x}_1 = \alpha_1 x_1 + \alpha_2 x_2 + \alpha_3 x_3 \\ \bar{x}_2 = \beta_1 x_1 + \beta_2 x_2 + \beta_3 x_3 \end{array} \right\} . \tag{5}$$

Der berühmte *Satz von Pohlke* besagt, dass sich jede derartige Abbildung
geometrisch als Parallelprojektion des $\mathbb{R}^3$ auf eine geeignete Ebene und an-
schliessende Ähnlichkeit realisieren lässt. Die entstehenden Bilder von dreidimensionalen Objekten sind also nicht "verzerrter", als es Schlagschatten bei
Parallelbeleuchtung sein können. ¶

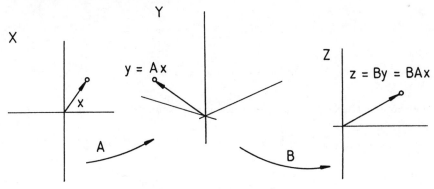

Fig. 9.6

Betrachte zum Schluss die folgende Situation (Fig. 9.6): Es seien $A : X \to$
Y und $B : Y \to Z$ zwei lineare Abbildungen. Dann ist ihre Zusammensetzung

$$B \circ A : \quad X \to Z, \quad x \mapsto z := B(A(x))$$

wohldefiniert und ebenfalls linear. Man nennt $B \circ A$ (erst A, dann B!) das
Produkt von B mit A und schreibt dafür BA. Wählt man in jedem der drei
Räume eine Basis, so erhalten die drei Abbildungen A, B und BA je eine
wohlbestimmte Matrix. Natürlich ist alles so eingerichtet, dass folgendes gilt
(ohne Beweis):

Satz 1. *Dem Produkt BA von zwei linearen Abbildungen B und A entspricht
das Produkt der zughörigen Matrizen (in derselben Reihenfolge).*

¶5. Es bezeichne

$$D := D[e_3, \alpha] : \quad \mathbb{R}^3 \to \mathbb{R}^3$$

(Fig. 9.7) die Drehung des $\mathbb{R}^3$ um die Achse e_3 um den Winkel $\alpha := \arctan \frac{3}{4}$
und

$$A : \quad \mathbb{R}^3 \to \mathbb{R}^2$$

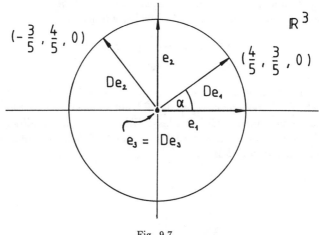

Fig. 9.7

die axonometrische Abbildung mit den Einheitspunkten

$$\bar{e}_1 := (-2, -2), \quad \bar{e}_2 := (5, -1), \quad \bar{e}_3 := (0, 5).$$

Dann ist

$$B := AD : \quad \mathbb{R}^3 \to \mathbb{R}^2$$

ebenfalls eine axonometrische Abbildung, und zwar erscheinen nun die auf dem "Schirm" $\mathbb{R}^2$ dargestellten Objekte $K \subset \mathbb{R}^3$ gegenüber vorher gedreht (Fig. 9.8). Der Fig. 9.6 entnimmt man für D die Matrix

$$D = \begin{bmatrix} \frac{4}{5} & -\frac{3}{5} & 0 \\ \frac{3}{5} & \frac{4}{5} & 0 \\ 0 & 0 & 1 \end{bmatrix},$$

und A besitzt die Matrix

$$A = \begin{bmatrix} -2 & 5 & 0 \\ -2 & -1 & 5 \end{bmatrix}$$

(siehe Beispiel ¶4). Hiernach ist

$$B = A \cdot D = \begin{bmatrix} \frac{7}{5} & \frac{26}{5} & 0 \\ -\frac{11}{5} & \frac{2}{5} & 5 \end{bmatrix}. \qquad ¶$$

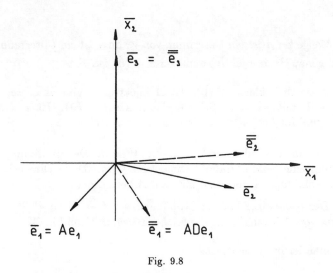

Fig. 9.8

9.3. Weitere Grundbegriffe

Die Matrix einer linearen Abbildung $A : V \to W$ ist nicht von vorneherein bestimmt, sondern hängt ab von den in V und in W gewählten (oder stillschwei-
gend zugrundegelegten) Basen, und sie verändert sich bei Koordinatentransformationen in charakteristischer Weise. Ist man nicht anderweitig an bestimmte
vorgegebene Basen gebunden, so wird man zum Studium der Abbildung A die
Basen so wählen, dass die Matrix von A besonders einfach aussieht, am lieb-
sten: Diagonalform annimmt. Im besonders wichtigen Fall $A : V \to V$ können
wir nur *eine* Basis wählen, da die von A bewirkte Umlagerung der Punkte
$x \in V$ in einem einzigen Koordinatensystem beschrieben werden soll. Der Fall
$V \neq W$ ist einfacher. Hier können wir in V und in W unabhängig voneinander
je eine geeignete Basis wählen und damit eine besonders einfache Matrix für A
erzielen.

Wir benötigen ein Stück "abstrakte" lineare Algebra. Ist $A : V \to W$ eine
lineare Abbildung, so heisst die Menge der Vektoren $x \in V$, die von A in 0
übergeführt werden, der *Kern* von A:

$$\ker A := \{x \in V \mid Ax = 0\} \quad \subset V;$$

und die Menge der Vektoren $y \in W$, die als Wert Ax tatsächlich angenommen
werden, ist der *Bildraum* von A:

$$\operatorname{im} A := \{Ax \mid x \in V\} \quad \subset W.$$

Satz 2.
(a) *Die Menge* ker A *ist ein Unterraum von* V; im A *ist ein Unterraum von* W.
(b) A *ist genau dann injektiv, wenn* ker $A = \{0\}$ *ist.*

⌐ (a) ist ziemlich klar. — (b): Ist A injektiv, so gibt es ausser 0 keinen Vektor $x \in V$ mit $Ax = 0$. Sei umgekehrt ker $A = \{0\}$. Ist $x \neq x'$, so ist $x - x' \neq 0$ und folglich $A(x - x') \neq 0$, d.h. $Ax \neq Ax'$.   ⌐

Von nun an sei wieder dim $V = n$, dim $W = m$. Der Bildraum im $A \subset W$ besitzt dann eine wohlbestimmte Dimension $\leq m$. Diese Dimension ist der *Rang* der Abbildung A und wird mit rang A bezeichnet.

Satz 3. *Der Rang einer linearen Abbildung* $A : V \to W$ *ist gleich dem Rang der Matrix von* A *bezüglich irgendwelcher Basen in* V *und in* W.

⌐ Wie man leicht einsieht, ist

$$\text{im } A = \langle Ae_1, Ae_2, \ldots, Ae_n \rangle.$$

Die Vektoren $Ae_k \in W$ gehen bei dem Isomorphismus

$$W \to \mathbb{R}^m, \quad y \mapsto (y_1, \ldots, y_m)$$

über in die Kolonnen der Matrix $[\, a_{ik} \,]$; somit ist

$$\langle Ae_1, Ae_2, \ldots, Ae_n \rangle \sim K$$

und folglich
$$\dim(\text{im } A) = \dim K = \text{rang} \, [\, a_{ik} \,].$$ ⌐

Der folgende Satz ist fundamental. Es handelt sich um eine abstrakte Version von Satz 7.6 (über homogene Gleichungssysteme):

Satz 4. *Es sei* $A : V \to W$ *eine lineare Abbildung zwischen endlichdimensionalen Vektorräumen. Dann gilt*

$$\text{rang} \, A + \dim(\ker A) = \dim V.$$

⌐ Der Unterraum ker $A \subset V$ ist der Lösungsraum $\mathcal{L}$ des homogenen Gleichungssystems $Ax = 0$. Die Behauptung folgt daher unmittelbar aus Satz 3 und Satz 7.6.   ⌐

¶4 (Forts.). Es ist dim $V = \dim \mathbb{R}^3 = 3$, rang $A = 2$ und somit dim(ker A) = 1. Rechnerisch erhält man ker A in diesem Beispiel folgendermassen: Betrachte die beiden Zeilenvektoren

$$a := (\alpha_1, \alpha_2, \alpha_3), \, b := (\beta_1, \beta_2, \beta_3)$$

der Matrix A. Wir behaupten: $\ker A$ wird erzeugt durch das Vektorprodukt

$$p := a \times b = (\alpha_2\beta_3 - \alpha_3\beta_2, \alpha_3\beta_1 - \alpha_1\beta_3, \alpha_1\beta_2 - \alpha_2\beta_1).$$

⌐ Wegen rang $A = 2$ sind a und b linear unabhängig. Somit ist $p \neq 0$ und steht senkrecht auf a und auf b. Nun lassen sich die rechten Seiten der Formeln (5) als Skalarprodukte interpretieren:

$$\bar{x}_1 = a \bullet x, \quad \bar{x}_2 = b \bullet x.$$

Hieraus folgt

$$\bar{p}_1 = a \bullet p = 0, \quad \bar{p}_2 = b \bullet p = 0,$$

mithin $\bar{p} = 0$, d.h. $p \in \ker A$. Wegen $\dim(\ker A) = 1$ ist folglich $\ker A = \langle p \rangle$, wie behauptet. ⌐

Geometrisch besteht $\ker A$ aus den sämtlichen Vektoren, die parallel zu den im Satz von Pohlke erwähnten Projektionsstrahlen sind. ¶

Wir kommen nun zu der angekündigten "Normalform" der Matrix für eine lineare Abbildung A zwischen *verschiedenen* Räumen V und W. Dabei verzichten wir auf eine numerische Konstruktion der zugehörigen Basen und begnügen uns mit einem Existenzbeweis.

Satz 5. *Es sei $V \neq W$ und $A : V \to W$ eine lineare Abbildung vom Rang $r \geq 0$. Dann besitzt A bezüglich geeigneter Basen in V und in W die Matrix*

$$\begin{bmatrix} 1 & & & & \\ & 1 & & & \\ & & \ddots & & \\ & & & 1 & \\ & & & & \end{bmatrix} \tag{6}$$

(ausser den r Einsen lauter Nullen).

Hiernach gibt es nur soviele "wesentlich verschiedene" lineare Abbildungen $A : V \to W$ wie mögliche Werte von r, also deren $\min\{m, n\} + 1$.

⌐ Wähle eine Basis $(e_{r+1}, \ldots, e_n)$ von $\ker A$ und ergänze sie durch Vektoren $e_1, \ldots, e_r$ zu einer Basis von V (siehe Korollar 7.3). Betrachte die r Vektoren

$$f_i := Ae_i \in W \quad (1 \leq i \leq r). \tag{7}$$

Es ist

$$\operatorname{im} A = \langle Ae_1, \ldots, Ae_r, Ae_{r+1}, \ldots, Ae_n \rangle$$
$$= \langle f_1, \ldots, f_r \rangle \ .$$

Wegen $\dim(\operatorname{im} A) = r$ sind die Vektoren $f_1, \ldots, f_r$ notwendigerweise linear unabhängig und lassen sich somit durch weitere Vektoren $f_{r+1}, \ldots, f_m$ zu einer Basis von W ergänzen.
Wegen (7) und $Ae_k = 0$ $(r+1 \le k \le n)$ besitzt A bezüglich der so gewählten Basen ersichtlich die Matrix (6). $\lrcorner$

9.4. Abbildungen A: V → V

Von nun an betrachten wir nur noch Abbildungen

$$A : V \to V \qquad \text{bzw.} \qquad A : \mathbf{R}^n \to \mathbf{R}^n \tag{8}$$

eines n-dimensionalen Vektorraums V bzw. des $\mathbf{R}^n$ in sich selber. Eine derartige Abbildung heisst *regulär*, wenn sie den Rang n besitzt, sonst *singulär*. Der Bildraum im A einer singulären Abbildung (8) hat eine Dimension $< n$ und ist somit ein echter Teilraum von V. Eine singuläre Abbildung ist also nicht surjektiv. Der Kern einer singulären Abbildung hat nach Satz 4 eine Dimension > 0; eine singuläre Abbildung ist also auch nicht injektiv.

¶6. Mit Hilfe des festen Vektors $a := (4, 3, 12)$ definieren wir die Abbildung

$$A : \mathbf{R}^3 \to \mathbf{R}^3,$$
$$x \mapsto Ax := a \times x \qquad \text{(Vektorprodukt)}$$
$$= (3x_3 - 12x_2, 12x_1 - 4x_3, 4x_2 - 3x_1).$$

A besitzt daher bezüglich der Standardbasis die Matrix

$$A = \begin{bmatrix} 0 & -12 & 3 \\ 12 & 0 & -4 \\ -3 & 4 & 0 \end{bmatrix}$$

vom Rang ≥ 2. Wegen $a \times a = 0$ ist jedenfalls $\dim(\ker A) \ge 1$. Somit ist A singulär, und es ist $\operatorname{rang} A = 2$. Da alle Vektoren $a \times x$ auf a senkrecht stehen, ist im A die zu a senkrechte Ebene durch 0.

Um für A eine möglichst einfache Matrix zu erzielen, wählen wir im $\mathbf{R}^3$ eine neue Basis (f_1, f_2, f_3) wie folgt (Fig. 9.9): Wir setzen als erstes

$$f_1 := \frac{a}{|a|} = \frac{1}{13}(4, 3, 12);$$

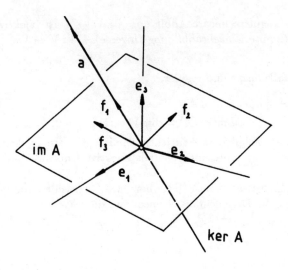

Fig. 9.9

weiter wählen wir einen Einheitsvektor

$$f_2 := \frac{1}{5}(-3, 4, 0)$$

senkrecht auf a (also in im A) und setzen schliesslich

$$f_3 := f_1 \times f_2 = \frac{1}{65}(-48, -36, 25).$$

Dann ist von selbst $f_1 \times f_3 = -f_2$. — Um nun die Matrix $\bar{A}$ der Abbildung A bezüglich der neuen Basis zu bestimmen, berechnen wir

$$Af_1 = a \times f_1 = 0,$$
$$Af_2 = a \times f_2 = |a|f_1 \times f_2 = 13f_3,$$
$$Af_3 = a \times f_3 = |a|f_1 \times f_3 = -13f_2.$$

Hieraus ergibt sich die gesuchte Matrix unmittelbar:

$$\bar{A} = \begin{bmatrix} 0 & 0 & 0 \\ 0 & 0 & -13 \\ 0 & 13 & 0 \end{bmatrix}.$$

¶

Wir kommen zu den regulären Abbildungen. Hierüber gilt in erster Linie

Satz 6. *Eine reguläre lineare Abbildung $A : V \to V$ ist bijektiv und besitzt eine wohlbestimmte Umkehrabbildung (Inverse) $A^{-1} : V \to V$:*

$$A^{-1} \circ A = A \circ A^{-1} = I_V . \tag{9}$$

A^{-1} ist ebenfalls linear und regulär.

Ist rang $A = n$, so ist im $A = V$ und

$$\dim(\ker A) = \dim V - \operatorname{rang} A = 0,$$

also ker $A = \{0\}$. Folglich ist A surjektiv und injektiv, also bijektiv, und besitzt damit eine wohlbestimmte und ebenfalls bijektive Umkehrabbildung A^{-1}, für die (9) gilt.

Um die Linearität von A^{-1} zu beweisen, betrachten wir zwei beliebige Vektoren $x, y \in V$. Da jedenfalls A linear ist, gilt

$$A^{-1}(x + y) = A^{-1}(AA^{-1}x + AA^{-1}y) = A^{-1} A(A^{-1}x + A^{-1}y)$$
$$= A^{-1}x + A^{-1}y.$$

Ähnlich schliesst man für λx.

Aufgrund des Zusammenhangs zwischen linearen Abbildungen und Matrizen sowie von Satz 1 folgt endlich, was wir schon lang vermutet haben:

Korollar 7. *Eine reguläre Matrix $A \in \mathbb{R}^{n \times n}$ besitzt eine wohlbestimmte beidseitige Inverse $A^{-1} \in \mathbb{R}^{n \times n}$.*

Es sei A die Matrix einer linearen Abbildung

$$A : \quad V \to V, \quad x \mapsto y := Ax$$

bezüglich einer bestimmten Ausgangsbasis $(e_1, \ldots, e_n)$. Welche neue Matrix $\bar{A}$ resultiert, wenn man in V zu einer neuen Basis $(\bar{e}_1, \ldots, \bar{e}_n)$ übergeht? Zur Klärung dieser Frage seien

$$x := \begin{bmatrix} x_1 \\ x_2 \\ \vdots \\ x_n \end{bmatrix} \quad \text{bzw.} \quad \bar{x} := \begin{bmatrix} \bar{x}_1 \\ \bar{x}_2 \\ \vdots \\ \bar{x}_n \end{bmatrix},$$

analog für y, die die Vektoren $x, y \in V$ repräsentierenden Kolonnenvektoren; ferner sei T die Transformationsmatrix Ausgangsbasis $\to$ neue Basis (siehe Kapitel 4). Sind die neuen Koordinaten $\bar{x}$ eines Vektors $x \in V$ gegeben, so gilt nach Satz 4.1:

$$x - T\bar{x}.$$

Hieraus folgt

$$y = Ax = AT\bar{x},$$

und Satz 4.2 schliesslich liefert

$$\bar{y} = T^{-1}y = T^{-1}AT\bar{x}.$$

Die Antwort auf unsere Frage ist nun unmittelbar abzulesen:

Satz 8. *(A, $\bar{A}$ und T haben die angegebene Bedeutung.) Bei einem Basiswechsel erhält eine lineare Abbildung $A : V \rightarrow V$ die neue Matrix*

$$\bar{A} = T^{-1}AT.$$

¶6 (Forts.). Zum Basiswechsel

$$(e_1, e_2, e_3) \rightarrow (f_1, f_2, f_3)$$

gehört die Transformationsmatrix

$$T := \begin{bmatrix} \frac{4}{13} & -\frac{3}{5} & -\frac{48}{65} \\ \frac{3}{13} & \frac{4}{5} & -\frac{36}{65} \\ \frac{12}{13} & 0 & \frac{25}{65} \end{bmatrix}$$

(in den Kolonnen stehen die alten Koordinaten der neuen Basisvektoren). Da die neue Basis wieder orthonormal ist, erhält man nach Satz 4.3 die Inverse T^{-1} gratis: $T^{-1} = T'$. Die Matrix von A bezüglich der neuen Basis ist somit gegeben durch

$$\bar{A} = \begin{bmatrix} \frac{4}{13} & -\frac{3}{13} & -\frac{12}{13} \\ -\frac{3}{5} & \frac{4}{5} & 0 \\ -\frac{48}{65} & -\frac{36}{65} & \frac{25}{65} \end{bmatrix} \cdot \begin{bmatrix} 0 & -12 & 3 \\ 12 & 0 & -4 \\ -3 & 4 & 0 \end{bmatrix} \cdot \begin{bmatrix} \frac{4}{13} & -\frac{3}{5} & -\frac{48}{65} \\ \frac{3}{13} & \frac{4}{5} & -\frac{36}{65} \\ \frac{12}{13} & 0 & \frac{25}{65} \end{bmatrix}. \quad (10)$$

Wir haben $\bar{A}$ bereits mit Hilfe von geometrischen Überlegungen bestimmt und überlassen dem Leser zu verifizieren, dass (10) dasselbe liefert. ¶

Als Anwendung von Satz 8 beweisen wir zum Schluss

Satz 9.

(a) *Eine lineare Abbildung $A : V \rightarrow V$ besitzt eine wohlbestimmte, das heisst: basisunabhängige Determinante*

$$\det A := \det [a_{ik}].$$

(b) $\det A = 0 \iff A$ *singulär.*

⌐ Es seien A und $\bar{A}$ die Matrizen der Abbildung A bezüglich zweier Basen $(e_1, \ldots, e_n)$ und $(\bar{e}_1, \ldots, \bar{e}_n)$. Dann gilt nach Satz 8 und Satz 8.1(c):

$$\det \bar{A} = \det(T^{-1}AT) = \det T^{-1} \cdot \det A \cdot \det T$$

$$= \frac{1}{\det T} \cdot \det A \cdot \det T$$

$$= \det A.$$

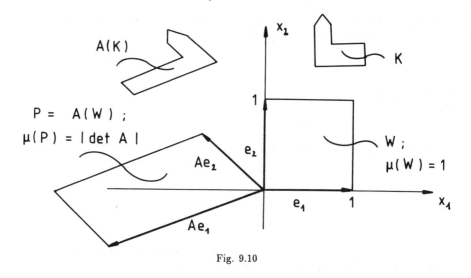

Fig. 9.10

Die Determinante einer linearen Abbildung A lässt sich folgendermassen geometrisch interpretieren: A führt den von $e_1, e_2, \ldots, e_n$ aufgespannten Einheitswürfel

$$W := \{x \in \mathbb{R}^n \mid 0 \leq x_k \leq 1 \quad (1 \leq k \leq n)\}$$

vom Volumen 1 über in das von den Vektoren

$$Ae_k = \begin{bmatrix} a_{1k} \\ a_{2k} \\ \vdots \\ a_{nk} \end{bmatrix} \quad (1 \leq k \leq n)$$

aufgespannte Parallelepiped P (Fig. 9.10). Wie wir in Abschnitt 8.1 gesehen haben, besitzt P das Volumen $|\det[\,a_{ik}\,]| =: \alpha$; d.h., es gilt

$$\mu(A(W)) = \alpha \cdot \mu(W).$$

Man kann zeigen, dass A nicht nur das Volumen von W, sondern das Volumen von irgendwelchen Körpern $K \subset \mathbb{R}^n$ mit dem Faktor α multipliziert. In anderen Worten: $\det A$ ist (bis aufs Vorzeichen) die von A bewirkte Volumendilatation. Insbesondere: Ist A singulär, so werden alle Körper K durch A plattgedrückt und besitzen nachher das n-dimensionale Volumen 0.

10. Das charakteristische Polynom

10.1. Eigenvektoren und Eigenwerte

Ist die Information über eine lineare Abbildung $A : V \to V$ in der Form von "Gemüse" mehr oder weniger gleichmässig über die ganze Matrix $[a_{ik}]$ verteilt, so lassen sich die inneren Eigenschaften der Abbildung A (erst recht ihrer Iterierten, Inversen usw.) nicht direkt ablesen. Schon besser ist es, wenn die Matrix *Kästchenform* mit *quadratischen* Kästchen B_l $(1 \leq l \leq p)$ annimmt:

$$A = \begin{bmatrix} \boxed{B_1} & & & \\ & \boxed{B_2} & & \\ & & \ddots & \\ & & & \boxed{B_p} \end{bmatrix} \tag{1}$$

(ausserhalb der Kästchen lauter Nullen).

¶1. Für die in Beispiel 9.¶6 betrachtete Abbildung A liess sich die Matrix

$$\bar{A} = \begin{bmatrix} 0 & 0 & 0 \\ 0 & 0 & -13 \\ 0 & 13 & 0 \end{bmatrix}$$

mit einem (1×1)- und einem ziemlich durchsichtigen (2×2)-Kästchen erzielen.

¶

Betrachte etwa das erste Kästchen B_1; es habe das Format $(s_1 \times s_1)$. Die ersten s_1 Kolonnen der Matrix (1) beschreiben die Wirkung von A auf den Unterraum

$$U_1 := \langle e_1, \ldots, e_{s_1} \rangle$$

von V. Da unterhalb von B_1 lauter Nullen stehen, ist

$$Ae_i \in U_1 \qquad (1 \leq i \leq s_1)$$

und somit $Ax \in U_1$ für alle $x \in U_1$. Ein Unterraum $U \subset V$ mit $A(U) \subset U$ heisst ein *invarianter Unterraum* von A. Also: U_1 ist ein invarianter Unterraum.

Analoges gilt für die übrigen Kästchen. Wir sehen: Die Abbildung A ist zerlegt in eine "direkte Summe" von sich nicht gegenseitig störenden Teilabbildungen

$$B_l : U_l \to U_l \qquad (1 \leq l \leq p),$$

die getrennt untersucht werden können.

Am besten sind natürlich (1×1)-Kästchen. Ein (1×1)-Kästchen $[\lambda]$ bedeutet: Für den betreffenden Basisvektor e gilt

$$A e = \lambda e. \qquad (2)$$

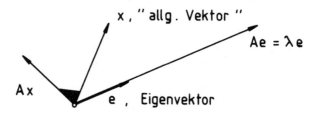

Fig. 10.1

Wir definieren (Fig. 10.1): Ein Vektor $e \neq 0$, für den (2) mit einem geeigneten $\lambda \in \mathbb{R}$ (bzw. $\lambda \in \mathbb{C}$) zutrifft, heisst ein *Eigenvektor* der Abbildung A; die betreffende Zahl λ ist der zugehörige *Eigenwert* von A.

¶2. Jeder Vektor $e \neq 0$ in $\ker A$ ist ein Eigenvektor zum Eigenwert 0. Ist $\ker A = \{0\}$ (d.h. A regulär), so ist 0 kein Eigenwert von A. — Es sei

$$P : \mathbb{R}^3 \to \mathbb{R}^3$$

die Orthogonalprojektion auf einen bestimmten Unterraum $U \subset \mathbb{R}^3$; U ist eine Ebene oder eine Gerade durch 0 (Fig. 10.2). Dann hält P jeden Vektor $u \in U$ fest: $Pu = u$; alle diese Vektoren (ausser 0) sind also Eigenvektoren von P zum Eigenwert 1.   ¶

10.2. Das charakteristische Polynom

Um allfällige Eigenvektoren von A zu finden, denken wir uns eine Zahl $\lambda \in \mathbb{R}$ vorgegeben und betrachten die Menge

$$E_\lambda := \{x \in V \mid Ax = \lambda x\}.$$

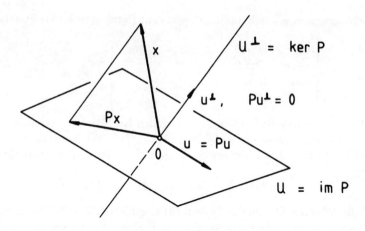

Fig. 10.2

E_λ enthält die sämtlichen Eigenvektoren zum Eigenwert λ (falls es überhaupt welche gibt) sowie den Nullvektor 0. E_λ ist offensichtlich ein Unterraum von V (nämlich der Kern der Abbildung $A - \lambda I$, s.u.). Die Bedingung $Ax = \lambda x$ ist (nach Wahl einer Basis in V) äquivalent mit dem homogenen Gleichungssystem

$$\begin{aligned}
a_{11}x_1 + & \quad \cdots \quad + a_{1n}x_n = \lambda x_1 \\
a_{21}x_1 + & \quad \cdots \quad + a_{2n}x_n = \lambda x_2 \\
& \vdots \qquad\qquad\qquad\quad \vdots \\
a_{n1}x_1 + & \quad \cdots \quad + a_{nn}x_n = \lambda x_n
\end{aligned}$$

in den Unbekannten $x_1, x_2, \ldots, x_n$, bzw. mit

$$\begin{aligned}
(a_{11} - \lambda)x_1 + & \quad\qquad \cdots \quad + a_{1n}x_n = 0 \\
a_{21}x_1 + & (a_{22} - \lambda)x_2 \quad + a_{2n}x_n = 0 \\
& \vdots \qquad\qquad\qquad\qquad \vdots \\
a_{n1}x_1 + & \quad\qquad \cdots \quad + (a_{nn} - \lambda)x_n = 0
\end{aligned} \qquad (3)$$

E_λ ist der Lösungsraum dieses $(n \times n)$-Systems. Wir stehen nun vor der folgenden Alternative:

(a) Ist das System (3) regulär, so besitzt es nur die triviale Lösung: $E_\lambda = \{0\}$. Es gibt dann keinen Vektor $e \neq 0$ mit $Ae = \lambda e$, somit ist das betreffende λ kein Eigenwert von A.

(b) Ist das System (3) jedoch singulär, so besitzt es nichttriviale Lösungen. In diesem Fall ist $\dim E_\lambda > 0$ (in aller Regel $= 1$), das betreffende λ ist ein Eigenwert von A, und $E_\lambda \subset V$ ist der zugehörige Eigenraum.

Das System (3) ist genau dann singulär, wenn seine Determinante verschwindet. Diese Determinante hängt ab von den als gegeben zu betrachtenden

Matrixelementen a_{ik} und zusätzlich von dem Parameter λ. Als Funktion von λ ist

$$\begin{vmatrix} a_{11} - \lambda & a_{12} & \cdots & a_{1n} \\ a_{21} & a_{22} - \lambda & \cdots & \\ \vdots & & \ddots & \\ a_{n1} & & \cdots & a_{nn} - \lambda \end{vmatrix} = \det(A - \lambda I)$$

ein Polynom vom genauen Grad n mit reellen Koeffizienten, genannt das *charakteristische Polynom* der Abbildung (Matrix) A. Wir verwenden dafür den Bezeichner 'chp'. Die Lösungen λ_j $(1 \leq j \leq n)$ der *charakteristischen Gleichung*

$$\text{chp}(\lambda) = 0 \qquad \text{d.h.}: \qquad \det(A - \lambda I) = 0$$

sind die λ-Werte, für die das System (3) singulär ist, also die Eigenwerte von A (auch komplexe Lösungen werden als Eigenwerte angesehen). Für jeden gefundenen Eigenwert λ_j erhält man die zugehörigen Eigenvektoren bzw. den Eigenraum E_{λ_j} durch Auflösung des Systems (3) mit $\lambda := \lambda_j$.

¶3. Betrachte die Matrix

$$A := \begin{bmatrix} 5 & -1 & 3 \\ 8 & -1 & 6 \\ -4 & 1 & -2 \end{bmatrix}.$$

Es ist

$$\begin{aligned} \text{chp}(\lambda) = \det & \begin{bmatrix} 5 - \lambda & -1 & 3 \\ 8 & -1 - \lambda & 6 \\ -4 & 1 & -2 - \lambda \end{bmatrix} \\ = & (5 - \lambda)(-1 - \lambda)(-2 - \lambda) + 24 + 24 \\ & - 6(5 - \lambda) - (-8)(-2 - \lambda) - (-12)(-1 - \lambda) \\ = & - \lambda(\lambda^2 - 2\lambda + 1). \end{aligned}$$

Die charakteristische Gleichung $\lambda(\lambda^2 - 2\lambda + 1) = 0$ liefert die Eigenwerte

$$\lambda_1 = \lambda_2 = 1, \quad \lambda_3 = 0.$$

Wir bestimmen zunächst die Eigenvektoren zum (zweifachen) Eigenwert 1. Der Eigenraum E_1 ist der Lösungsraum des Systems

$$\begin{aligned} 4x_1 &- x_2 &+ 3x_3 &= 0 \\ 8x_1 &- 2x_2 &+ 6x_3 &= 0. \\ -4x_1 &+ x_2 &- 3x_3 &= 0 \end{aligned} \qquad (4)$$

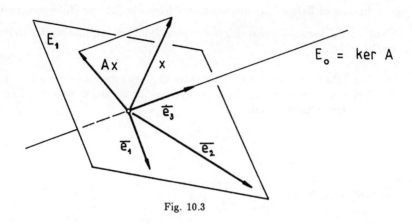

Fig. 10.3

Die Matrix dieses Gleichungssystems besitzt offensichtlich den Rang 1; folglich ist dim $E_1 = 3 - 1 = 2$. Die Vektoren

$$\bar{e}_1 := (1, 4, 0), \quad \bar{e}_2 := (0, 3, 1)$$

sind linear unabhängige Lösungen von (4) und bilden damit eine Basis von E_1 (Fig. 10.3).

Die Eigenvektoren zum Eigenwert $\lambda_3 = 0$ sind die Lösungen des homogenen Systems

$$\begin{array}{rcrcrcl} 5x_1 & - & x_2 & + & 3x_3 & = & 0 \\ 8x_1 & - & x_2 & + & 6x_3 & = & 0 \\ -4x_1 & + & x_2 & - & 2x_3 & = & 0 \end{array}$$

vom Rang 2 (höchstens 2 nach Konstruktion und mindestens 2 nach Inspektion). Folglich ist dim $E_0 = 1$, und E_0 wird aufgespannt von dem Vektor

$$\bar{e}_3 := (5, -1, 3) \times (-4, 1, -2) = (-1, -2, 1)$$

(für diesen Trick mit dem Vektorprodukt siehe Beispiel 9.¶4, Forts.).

Geht man in $V := \mathbb{R}^3$ zu der aus Eigenvektoren bestehenden neuen Basis $(\bar{e}_1, \bar{e}_2, \bar{e}_3)$ über, so nimmt die Matrix von A Diagonalform an, und zwar ist

$$\bar{A} = \begin{bmatrix} 1 & 0 & 0 \\ 0 & 1 & 0 \\ 0 & 0 & 0 \end{bmatrix}.$$

Aufgrund unserer Analyse können wir die Abbildung A folgendermassen geometrisch interpretieren: A ist die Parallelprojektion parallel zu $E_0 = \ker A$ auf die Ebene E_1. ¶

In diesem Beispiel ist uns schon der folgende Satz zu Hilfe gekommen:

Satz 1. *Zu verschiedenen Eigenwerten gehörende Eigenvektoren sind linear unabhängig.*

⌐ Der Satz sei richtig für r Eigenvektoren f_j zu r verschiedenen Eigenwerten λ_j $(1 \leq j \leq r)$, und es sei f_{r+1} ein Eigenvektor zu einem weiteren Eigenwert λ_{r+1}. Angenommen, es gilt

$$f_{r+1} = \sum_{j=1}^{r} \mu_j f_j \tag{5}$$

für gewisse μ_j, so folgt

$$A f_{r+1} = \sum_{j=1}^{r} \mu_j \, A f_j$$

und somit

$$\lambda_{r+1} f_{r+1} = \sum_{j=1}^{r} \mu_j \, \lambda_j \, f_j.$$

Wegen (5) hat man daher

$$\sum_{j=1}^{r} \mu_j (\lambda_j - \lambda_{r+1}) f_j = 0.$$

Da die f_j $(1 \leq j \leq r)$ linear unabhängig sind und da für alle j gilt: $\lambda_j \neq \lambda_{r+1}$, folgt $\mu_j = 0$ $(1 \leq j \leq r)$ und damit $f_{r+1} = 0$ — ein Widerspruch.   ⌙

Korollar 2. *Ist $A : V \rightarrow V$ eine lineare Abbildung mit dim $V = n$ verschiedenen reellen Eigenwerten λ_j $(1 \leq j \leq n)$, so lässt sich A diagonalisieren, das heisst, es gibt eine Basis $(\bar{e}_1, \ldots, \bar{e}_n)$ von V mit*

$$\bar{A} = \mathrm{diag}(\lambda_1, \lambda_2, \ldots, \lambda_n).$$

Die charakteristische Gleichung $\mathrm{chp}(\lambda) = 0$ ist vom genauen Grad n und besitzt damit nach dem Fundamentalsatz der Algebra genau n Lösungen

$$\lambda_j \in \mathbb{C} \qquad (1 \leq j \leq n),$$

mehrfache mehrfach gezählt. Im Hinblick auf Korollar 2 ist somit die Diagonalisierbarkeit einer Abbildung A von zwei Seiten her bedroht:

(a) Man muss (auch bei reellen Matrizen) damit rechnen, dass komplexe Eigenwerte auftreten. Das ist im allgemeinen nicht so tragisch. Auch komplexe

Eigenwerte und zugehörige Eigenvektoren lassen sich im Rahmen der vorgesehenen "reellen" Anwendung geeignet interpretieren und zum Verständnis der betreffenden Situation nutzbar machen.

(b) Es kann vorkommen, dass die *geometrische Vielfachheit* dim E_{λ^*} eines *mehrfachen* Eigenwerts λ^* kleiner ist als dessen algebraische Vielfachheit. In diesem ("seltenen") Fall lässt sich A definitiv nicht diagonalisieren, aber immerhin noch auf die sogenannte *Jordansche Normalform* bringen. Wir gehen darauf nicht ein.

¶4. Betrachte die Matrix
$$A := \begin{bmatrix} 0 & 0 \\ 1 & 0 \end{bmatrix}.$$

Das charakteristische Polynom
$$\mathrm{chp}(\lambda) = \det \begin{bmatrix} -\lambda & 0 \\ 1 & -\lambda \end{bmatrix} = \lambda^2$$

besitzt die zweifache Nullstelle $\lambda^* = 0$; weitere Eigenwerte gibt es nicht. Zur Bestimmung des Eigenraums E_0 haben wir das homogene System
$$\begin{aligned} 0x_1 &+& 0x_2 &=& 0 \\ x_1 &+& 0x_2 &=& 0 \end{aligned}$$

aufzulösen. Wie man sofort sieht, ist
$$E_0 = \{(0, x_2) \mid x_2 \in \mathbb{R}\} = \langle e_2 \rangle;$$

insbesondere ist dim $E_0 = 1 < 2$. (Die angegebene Matrix lässt sich mit dem besten Willen nicht weiter vereinfachen!) ¶

10.3. Symmetrische Matrizen

In vielen Anwendungen ist die Abbildung $A : \mathbb{R}^n \to \mathbb{R}^n$ bzw. die Matrix $A \in \mathbb{R}^{n \times n}$ *symmetrisch*, das heisst, es gilt $A' = A$. Dies führt zu besonders erfreulichen Verhältnissen:

Satz 3. *Ist $A \in \mathbb{R}^{n \times n}$ eine symmetrische Matrix mit Eigenwerten $\lambda_1, \ldots, \lambda_n$ (gemäss algebraischer Vielfachheit aufgelistet), so gilt:*

(a) *Alle Eigenwerte sind reell.*

(b) *Zu verschiedenen Eigenwerten gehörende Eigenvektoren stehen aufeinander senkrecht.*

(c) Es gibt eine orthonormale Basis $(\bar{e}_1, \ldots, \bar{e}_n)$ von $\mathbb{R}^n$ mit

$$\bar{A} = \operatorname{diag}(\lambda_1, \lambda_2, \ldots, \lambda_n).$$

(d) Es gibt eine orthogonale Matrix T mit

$$A = T \cdot \operatorname{diag}(\lambda_1, \lambda_2, \ldots, \lambda_n) \cdot T'.$$

$\lceil$ Wir beginnen mit (b). Die Symmetrie von A lässt sich "basisunabhängig" folgendermassen charakterisieren: $A' = A$ ist äquivalent mit der Identität

$$Ax \bullet y \equiv x \bullet Ay. \tag{6}$$

Wegen $u \bullet v = u'v$ (rechter Hand Matrizenprodukt!) gilt nämlich

$$Ax \bullet y = (Ax)'y = x'A'y = x \bullet A'y.$$

Sind x und y speziell Eigenvektoren mit zugehörigen Eigenwerten λ und μ, so wird aus (6):

$$\lambda x \bullet y = x \bullet \mu y$$

bzw.

$$(\lambda - \mu)\,x \bullet y = 0. \tag{7}$$

Ist hier $\lambda \neq \mu$, so folgt $x \bullet y = 0$.

(a): Es sei $\lambda := \mu + i\nu$ eine Nullstelle des charakteristischen Polynoms von A und $z = (z_1, \ldots, z_n) \in \mathbb{C}^n$ eine zugehörige Lösung des Systems (3). Da chp reelle Koeffizienten besitzt, ist dann auch $\lambda^* := \mu - i\nu$ eine Nullstelle von chp, und $z^* = (z_1^*, \ldots, z_n^*)$ ist eine zu λ^* gehörige Lösung des Systems (3).

Aufgrund von (7) gilt

$$(\lambda - \lambda^*)\,z \bullet z^* = 0;$$

wegen

$$z \bullet z^* = \sum_{i=1}^{n} |z_i|^2 > 0$$

ist daher $\lambda - \lambda^* = 0$, d.h. $\nu = 0$.

Beweisidee für (c): A besitzt wenigstens einen reellen Eigenwert λ_1 und einen zugehörigen normierten Eigenvektor $\bar{e}_1$ (Fig. 10.4). Wir behaupten: Das orthogonale Komplement U des eindimensionalen invarianten Unterraums $\langle \bar{e}_1 \rangle$ ist ebenfalls ein invarianter Unterraum. Für einen beliebigen Vektor $u \in U$ gilt nämlich wegen (6):

$$Au \bullet \bar{e}_1 = u \bullet A\bar{e}_1 = u \bullet \lambda_1 \bar{e}_1 = \lambda_1\, u \bullet \bar{e}_1 = 0$$

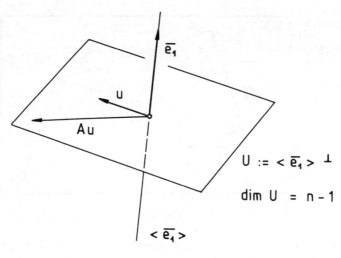

Fig. 10.4

und folglich $Au \in U$.

Die Einschränkung $B := A|U$ genügt ebenfalls der Identität (6). Wegen $\dim U = n-1$ dürfen wir daher annehmen (das ist ein Induktionsbeweis!), dass sich B in der angegebenen Weise diagonalisieren lässt. Die dabei konstruierten Basisvektoren $\bar{e}_i$ ($2 \leq i \leq n$) von U stehen von selbst senkrecht auf $\bar{e}_1$.

(d): Die zum Basiswechsel Standardbasis $\rightarrow$ Eigenbasis gehörige Transformationsmatrix T ist nach Satz 4.3 orthogonal., das heisst, es ist $T^{-1} = T'$. Nach Satz 9.8 gilt $\bar{A} = T^{-1} A T$, wir erhalten daher mit (c):

$$T' A T = \mathrm{diag}\,(\lambda_1, \ldots \lambda_n),$$

und dies ist äquivalent mit der Behauptung. ⌋

¶5. Es soll die Abbildung $A : \mathbb{R}^3 \rightarrow \mathbb{R}^3$ mit der symmetrischen Matrix

$$A := \begin{bmatrix} -7/9 & 4/9 & 4/9 \\ 4/9 & -1/9 & 8/9 \\ 4/9 & 8/9 & -1/9 \end{bmatrix}$$

analysiert werden. — Das charakteristische Polynom berechnet sich zu

$$\mathrm{chp}\,(\lambda) = \begin{vmatrix} -7/9 - \lambda & 4/9 & 4/9 \\ 4/9 & -1/9 - \lambda & 8/9 \\ 4/9 & 8/9 & -1/9 - \lambda \end{vmatrix} = \ldots$$

$$= -\lambda^3 - \lambda^2 + \lambda + 1$$

$$= -(\lambda - 1)(\lambda + 1)^2;$$

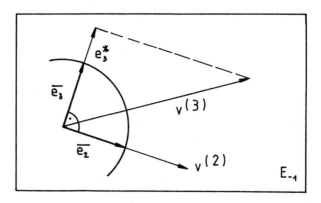

Fig. 10.5

somit ist $\lambda_1 = 1$, $\lambda_2 = \lambda_3 = -1$. Aufgrund von Satz 3 lässt sich daher A bezüglich einer geeigneten orthonormalen Basis $(\bar{e}_1, \bar{e}_2, \bar{e}_3)$ auf die Diagonalform

$$\bar{A} = \mathrm{diag}\,(1, -1, -1)$$

bringen und erweist sich damit als Spiegelung an der $\bar{e}_1$-Achse.

Wir bestimmen zunächst $\bar{e}_1 \in E_1$ als eine normierte Lösung des homogenen Systems

$$
\begin{array}{rcrcrcl}
-16x_1 & + & 4x_2 & + & 4x_3 & = & 0 \\
4x_1 & - & 10x_2 & + & 8x_3 & = & 0 \\
4x_1 & + & 8x_2 & - & 10x_3 & = & 0
\end{array}
$$

vom (garantierten) Rang 2 und erhalten

$$\bar{e}_1 = \gamma\,(-16, 4, 4) \times (4, -10, 8) = \gamma(72, 144, 144)$$

für ein geeignetes $\gamma \in \mathbb{R}$, also

$$\bar{e}_1 = \frac{1}{3}(1, 2, 2).$$

Zur Bestimmung einer orthonormalen Basis $(\bar{e}_2, \bar{e}_3)$ von E_{-1} haben wir das homogene System

$$
\begin{array}{rcrcrcl}
2x_1 & + & 4x_2 & + & 4x_3 & = & 0 \\
4x_1 & + & 8x_2 & + & 8x_3 & = & 0 \\
4x_1 & + & 8x_2 & + & 8x_3 & = & 0
\end{array}
$$

vom (garantierten) Rang 1 aufzulösen. Das Standardverfahren liefert die zwei Basisvektoren

$$v^{(2)} := (-2, 1, 0), \quad v^{(3)} := (-2, 0, 1)$$

von E_{-1}, die aber nicht orthonormal sind (Fig. 10.5). Durch Normierung von $v^{(2)}$ erhält man zunächst

$$\bar{e}_2 = \frac{1}{\sqrt{5}}(-2, 1, 0).$$

Um einen zu $\bar{e}_2$ senkrechten Vektor $e_3^* \in E_{-1}$ zu erhalten, machen wir den Ansatz

$$e_3^* = v^{(3)} - t\,\bar{e}_2$$

und bestimmen $t \in \mathbb{R}$ so, dass $e_3^* \bullet \bar{e}_2 = 0$ wird:

$$v^{(3)} \bullet \bar{e}_2 - t\,\bar{e}_2 \bullet \bar{e}_2 = 0.$$

Es folgt

$$t = v^{(3)} \bullet \bar{e}_2 = 4/\sqrt{5}$$

und damit

$$e_3^* = (-2,0,1) - \frac{4}{5}(-2,1,0) = (-\frac{2}{5}, -\frac{4}{5}, 1).$$

Durch Normierung ergibt sich schliesslich

$$\bar{e}_3 = \frac{1}{\sqrt{45}}(-2,-4,5). \qquad \P$$

In Beispiel ¶5 haben wir nebenbei noch das Problem gelöst, zwei gegebene Vektoren $v^{(2)}$, $v^{(3)}$ durch orthonormierte Vektoren "gleicher Leistung" zu ersetzen. Die dabei angewandte Methode lässt sich verallgemeinern: Der sogenannte *Gram-Schmidt-Prozess* liefert für eine beliebige Folge

$$(v^{(1)}, v^{(2)}, v^{(3)}, \dots\ )$$

von *linear unabhängigen* Vektoren rekursiv eine Folge

$$(\bar{e}_1, \bar{e}_2, \bar{e}_3, \dots\ )$$

von *orthonormierten* Vektoren mit dem Charakteristikum, dass nach jedem Schritt, d.h. für alle $r \geq 1$, gilt:

$$\langle \bar{e}_1, \dots, \bar{e}_r \rangle = \langle v^{(1)}, \dots, v^{(r)} \rangle.$$

Wir verzichten auf die Details.

11. Systeme von linearen Differentialgleichungen

11.1. Problemstellung

¶1. Betrachte das in der Fig. 11.1 dargestellte System von zwei federnd aufgehängten Massen m_1, m_2:

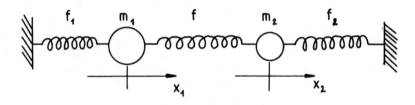

Fig. 11.1

Mit f_1, f_2 und f bezeichnen wir die drei Federkonstanten. Man kann es so auffassen: Die beiden Teilsysteme (m_1, f_1) und (m_2, f_2) sind über die Feder f aneinander gekoppelt. Ist das System mit $x_1 = 0$, $x_2 = 0$ im Gleichgewicht, so lauten seine Bewegungsgleichungen folgendermassen:

$$\left. \begin{array}{l} m_1\ddot{x}_1 = -f_1 x_1 + f(x_2 - x_1) \\ m_2\ddot{x}_2 = -f_2 x_2 - f(x_2 - x_1) \end{array} \right\} .$$

Wir führen die Geschwindigkeiten $v_i := \dot{x}_i$ $(i = 1, 2)$ als zusätzliche Variable ein und erhalten damit das folgende System von vier homogenen linearen Differentialgleichungen erster Ordnung:

$$\left. \begin{array}{rclcl} \dot{x}_1 & = & & & v_1 \\ \dot{x}_2 & = & & & v_2 \\ \dot{v}_1 & = & -\dfrac{f + f_1}{m_1}x_1 & + & \dfrac{f}{m_1}x_2 \\ \dot{v}_2 & = & \dfrac{f}{m_2}x_1 & - & \dfrac{f + f_2}{m_2}x_2 \end{array} \right\} .$$

Unzählige mechanische, elektrische,chemische oder ökologische Systeme lassen sich durch ein derartiges System von Differentialgleichungen modellieren. ¶

Im folgenden arbeiten wir im $\mathbb{R}^n$ bzw. $\mathbb{C}^n$. Die Koordinatenvariablen $x_1, x_2, \ldots, x_n$ stellen typischer Weise individuell interpretierbare physikalische (...) Grössen dar, weshalb es im weiteren keine Koordinatentransformationen geben wird.

Es sei $A \in \mathbb{R}^{n \times n}$ (bzw. $\in \mathbb{C}^{n \times n}$) eine fest vorgegebene Matrix. Dann heisst

$$
\left.
\begin{aligned}
\dot{x}_1 &= a_{11}x_1 &+ a_{12}x_2 &+ \ldots &+ a_{1n}x_n \\
\dot{x}_2 &= a_{21}x_1 &+ a_{22}x_2 &+ \ldots &+ a_{2n}x_n \\
&\ \vdots \\
\dot{x}_n &= a_{n1}x_1 &+ a_{n2}x_2 &+ \ldots &+ a_{nn}x_n
\end{aligned}
\right\},
$$

kurz:

$$
\dot{x} = A x \tag{1}
$$

ein *System von n linearen homogenen Differentialgleichungen erster Ordnung mit konstanten Koeffizienten*. Eine vektorwertige Funktion

$$
x(\cdot) : \mathbb{R} \to \mathbb{R}^n, \quad t \mapsto x(t) = (x_1(t), \ldots, x_n(t))
$$

ist eine *Lösung* dieses Systems, falls identisch in t gilt:

$$
\dot{x}(t) \equiv A x(t) \quad (t \in \mathbb{R}).
$$

Wir machen Gebrauch von den folgenden Grundtatsachen der allgemeinen Theorie derartiger Systeme:

(a) Die Lösungen bilden einen Vektorraum $\mathcal{L}$ von vektorwertigen Funkionen:

$$
\mathcal{L} \subset C^\infty(\mathbb{R}, \mathbb{R}^n).
$$

(b) Zu jedem *Anfangsvektor* $x^0 \in \mathbb{R}^n$ (bzw. $\in \mathbb{C}^n$) gibt es genau eine Lösung $x(\cdot) \in \mathcal{L}$ mit $x(0) = x^0$.

11.2. Lösungsansatz

Sind x^0 und y^0 zwei Anfangsvektoren und $x(\cdot), y(\cdot)$ die zugehörigen Lösungen, so induziert der Anfangsvektor $x^0 + y^0$ die Lösung $x(\cdot) + y(\cdot)$. Da ferner jede Lösung $x(\cdot) \in \mathcal{L}$ einen wohlbestimmten Anfangsvektor $x^0 := x(0)$ besitzt, schliessen wir: Die Abbildung

$$
\phi : \quad \begin{cases} \mathbb{R}^n \to \mathcal{L} \\ x^0 \mapsto \text{Lösung mit Anfangsvektor } x^0 \end{cases} \tag{2}
$$

ist eine bijektive (also reguläre) lineare Abbildung, und weiter: Der Lösungsraum $\mathcal{L}$ ist ein n-dimensionaler Vektorraum (von vektorwertigen Funktionen). Für eine vollständige explizite Beschreibung von $\mathcal{L}$ benötigen wir daher n linear unabhängige Lösungsfunktionen. Der folgende Satz stellt uns gerade eine derartige Kollektion in Aussicht:

Satz 1. *Ist* $v = (v_1, \ldots, v_n)$ *ein Eigenvektor der Matrix A zum Eigenwert* λ, *so ist die Funktion*

$$x(t) = e^{\lambda t} v \tag{3}$$

(Fig. 11.2) eine Lösung von (1), und zwar die Lösung mit dem Anfangsvektor v.

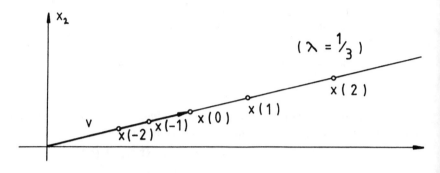

Fig. 11.2

⌐ Die Funktion $t \mapsto e^{\lambda t}$ ist eine Skalarfunktion, und v ist ein konstanter Vektor. Damit ergibt sich aus (3):

$$\dot{x}(t) = \lambda e^{\lambda t} v = e^{\lambda t} A v = A(e^{\lambda t} v)$$
$$= Ax(t),$$

und zwar gilt dies identisch in t. ⌐

Da die Abbildung (2) regulär ist, erhält man aus linear unabhängigen Eigenvektoren $v^{(j)}$ auch linear unabhängige Lösungen (3). Hieraus ergibt sich:

Satz 2. *Die Matrix* $A \in \mathbb{R}^{n \times n}$ *besitze* n *linear unabhängige Eigenvektoren* $v^{(1)}, \ldots, v^{(n)}$ *zu (nicht notwendigerweise verschiedenen) Eigenwerten* $\lambda_1, \ldots, \lambda_n$. *Dann ist die allgemeine Lösung von (1) gegeben durch*

$$x(t) = C_1 e^{\lambda_1 t} v^{(1)} + \ldots + C_n e^{\lambda_n t} v^{(n)}$$
$$= \sum_{j=1}^{n} C_j e^{\lambda_j t} v^{(j)} \tag{4}$$

mit beliebigen reellen (komplexen) Koeffizienten C_j $(1 \le j \le n)$.

In der Praxis interessieren in erster Linie die Eigenwerte λ_j und deren Abhängigkeit von den Daten des betrachteten realen (mechanischen, ...) Systems (siehe Beispiel ¶1), in zweiter Linie die Koordinaten der Eigenvektoren

$v^{(j)}$. Wird tatsächlich die Lösung eines ganz bestimmten Anfangswertproblems benötigt, so sind die Werte der Koeffizienten C_j durch Auflösung eines linearen Gleichungssystems zu bestimmen:

Konfrontiert man (4) mit der Bedingung $x(0) = x^0$, so resultiert die Vektorgleichung

$$\sum_{j=1}^{n} C_j v^{(j)} = x^0,$$

und mit

$$v^{(j)} = \begin{bmatrix} v_{1j} \\ v_{2j} \\ \vdots \\ v_{nj} \end{bmatrix} \quad (1 \le j \le n), \qquad x^0 = \begin{bmatrix} x_1^0 \\ x_2^0 \\ \vdots \\ x_n^0 \end{bmatrix}$$

wird daraus das reguläre lineare $(n \times n)$-Gleichungssystem

$$\sum_{j=1}^{n} v_{ij} C_j = x_i^0 \qquad (1 \le i \le n)$$

in den Unbekannten C_j. In den Kolonnen der Matrix

$$V = [\,v_{ij}\,] \tag{5}$$

dieses Gleichungssystems stehen die Eigenvektoren $v^{(1)}, \ldots, v^{(n)}$ der Matrix A; in anderen Worten: V ist die Transformationsmatrix für die (an sich nicht notwendige) Koordinatentransformation $(e_1, \ldots, e_n) \rightarrow (v^{(1)}, \ldots, v^{(n)})$.

¶2. Bei dem folgenden System von zwei Differentialgleichungen:

$$\left. \begin{array}{l} \dot{x}_1 = -x_1 + \alpha x_2 \\ \dot{x}_2 = x_1 - x_2 \end{array} \right\} \tag{6}$$

müssen wir von vorneherein damit rechnen, dass die Lösungen nicht nur quantitativ, sondern auch qualitativ vom Wert des Parameters α abhängen. — Die Systemmatrix

$$A := \begin{bmatrix} -1 & -\alpha \\ 1 & -1 \end{bmatrix}$$

besitzt das charakteristische Polynom

$$\mathrm{chp}(\lambda) = \det \begin{bmatrix} -1-\lambda & \alpha \\ 1 & -1-\lambda \end{bmatrix}$$
$$= \lambda^2 + 2\lambda + 1 - \alpha$$

und somit die Eigenwerte
$$\lambda_\pm := -1 \pm \sqrt{\alpha}.$$
Hier beginnt schon die Fallunterscheidung:

(a) $\alpha > 0$

In diesem Fall haben wir zwei verschiedene reelle Eigenwerte. Ein Eigenvektor v_+ zum Eigenwert λ_+ ergibt sich aus der Gleichung

$$1\,x_1 + (-1 - \lambda_+)x_2 = 0 \qquad \text{d.h.} \qquad x_1 - \sqrt{\alpha}x_2 = 0.$$

Wir können daher

$$v_+ = \begin{bmatrix} \sqrt{\alpha} \\ 1 \end{bmatrix}$$

und aus Symmetriegründen

$$v_- = \begin{bmatrix} -\sqrt{\alpha} \\ 1 \end{bmatrix}$$

annehmen. Die allgemeine Lösung $x(\cdot)$ von (6) ist dann nach Satz 2 gegeben durch

$$\begin{bmatrix} x_1(t) \\ x_2(t) \end{bmatrix} = C_1 e^{(-1+\sqrt{\alpha})t} \begin{bmatrix} \sqrt{\alpha} \\ 1 \end{bmatrix} + C_2 e^{(-1-\sqrt{\alpha})t} \begin{bmatrix} -\sqrt{\alpha} \\ 1 \end{bmatrix}. \tag{7}$$

Sind Anfangsbedingungen

$$x_1(0) = x_1^0, \qquad x_2(0) = x_2^0$$

vorgegeben, so bestimmen sich C_1 und C_2 aus dem Gleichungssystem

$$\sqrt{\alpha}C_1 - \sqrt{\alpha}C_2 = x_1^0$$
$$C_1 + \quad C_2 = x_2^0.$$

Wir bemerken noch die folgenden qualitativen Unterschiede: Ist $0 < \alpha < 1$, so sind beide Eigenwerte < 0; somit streben alle Lösungen mit $t \to \infty$ gegen 0. Ist $\alpha = 1$, so ist $\lambda_+ = 0$, $\lambda_- < 0$; somit besitzt jede Lösung für $t \to \infty$ einen (vom Anfangsvektor abhängigen) Grenzwert. Ist aber $\alpha > 1$, so ist $\lambda_+ > 0$, und fast alle Lösungen wachsen mit $t \to \infty$ exponentiell an.

(b) $\alpha = 0$

Ist $\alpha = 0$, so besitzt A nur einen Eigenwert, nämlich -1 mit algebraischer Vielfachheit 2. Wie man leicht verifiziert, ist $\dim E_{-1} = 1$; die Matrix A besitzt demnach keine zwei linear unabhängigen Eigenvektoren. — Wir verfolgen diesen Fall nicht weiter.

(c) $\alpha := -\omega^2 < 0$

In diesem Fall besitzt A die beiden konjugiert komplexen Eigenwerte

$$\lambda_{\pm} := -1 \pm i\omega$$

mit zugehörigen Eigenvektoren

$$v_+ := \begin{bmatrix} i\omega \\ 1 \end{bmatrix} , \ v_- := \begin{bmatrix} -i\omega \\ 1 \end{bmatrix} \in \mathbb{C}^2 .$$

Das System (6) besitzt daher anstelle von (7) die allgemeine komplexe Lösung

$$\begin{bmatrix} x_1(t) \\ x_2(t) \end{bmatrix} = e^{-t} \left(C_1 e^{i\omega t} \begin{bmatrix} i\omega \\ 1 \end{bmatrix} + C_2 e^{-i\omega t} \begin{bmatrix} -i\omega \\ 1 \end{bmatrix} \right) , \qquad C_1, C_2 \in \mathbb{C}.$$

Nun sind wir natürlich in erster Linie an reellen Lösungen interessiert. Um zwei linear unabhängige reelle Lösungen zu erhalten, setzen wir einmal $C_1 = C_2 := \frac{1}{2}$ und finden die partikuläre reelle Lösung

$$y^{(1)}(t) := e^{-t} \begin{bmatrix} -\omega \sin(\omega t) \\ \cos(\omega t) \end{bmatrix} .$$

Beim zweiten Mal setzen wir $C_1 := \frac{1}{2i}$, $C_2 := -\frac{1}{2i}$ und finden die weitere reelle Lösung

$$y^{(2)}(t) := e^{-t} \begin{bmatrix} \omega \cos(\omega t) \\ \sin(\omega t) \end{bmatrix} .$$

Da $y^{(1)}$ und $y^{(2)}$ ersichtlich linear unabhängig sind, ist jetzt die allgemeine reelle Lösung des Systems (6) gegeben durch

$$x(t) := c_1 y^{(1)}(t) + c_2 y^{(2)}(t)$$

mit reellen Koeffizienten c_1, c_2, oder ausgeschrieben:

$$\left. \begin{array}{l} x_1(t) = \omega(-c_1 \sin(\omega t) + c_2 \cos(\omega t)) \, e^{-t} \\ x_2(t) = (c_1 \cos(\omega t) + c_2 \sin(\omega t) \, e^{-t} \end{array} \right\} .$$

Wir sehen: Ist $\alpha < 0$, so kommt es zu gedämpften harmonischen Schwingungen.

¶

11.3. Die Fundamentalmatrix

Der Lösungsraum $\mathcal{L}$ des Systems (1) lässt sich noch auf eine ganz andere Art explizit beschreiben. Dabei wird auch die Abhängigkeit der Lösung von den Anfangsbedingungen explizit dargestellt und braucht nicht über die Auflösung eines Gleichungssystems erschlossen zu werden.

Wir bezeichnen mit $x(t \mid x^0)$ den Wert der zum Anfangsvektor x^0 gehörigen Lösung zur Zeit t; insbesondere ist $x(0 \mid x^0) = x^0$. Formal gilt

$$x(t \mid x^0) = \delta_t \circ \phi \, (x^0) \, ;$$

dabei ist ϕ die in (2) definierte Abbildung und

$$\delta_t : \ C^\infty(\mathbb{R}, \mathbb{R}^n) \to \mathbb{R}^n, \quad x(\cdot) \mapsto x(t)$$

die in Beispiel 9.¶2 betrachtete Evaluationsabbildung. Da sowohl ϕ wie δ_t linear sind, hängt $x(t \mid x^0)$ für jedes feste t linear von x^0 ab. Es gibt daher eine $(n \times n)$-Matrizenfunktion

$$t \ \mapsto \ \Phi(t) = [\, \phi_{ik}(t) \,]$$

mit

$$x(t \mid x^0) = \Phi(t)\, x^0 = [\, \phi_{ik}(t) \,] \begin{bmatrix} x_1^0 \\ x_2^0 \\ \vdots \\ x_n^0 \end{bmatrix} . \tag{8}$$

Die Matrix $\Phi(t)$ heisst *Fundamentalmatrix* des Systems (1). In $\Phi(t)$ ist alle Information über $\mathcal{L}$ explizit gespeichert, und zwar erhält man die Lösung von beliebigen Anfangswertproblemen zu (1) durch einfache Matrizenmultiplikation.

Das alles hilft nur dann, wenn man die Matrix $\Phi(t)$ effektiv berechnen kann. Der folgende Satz stellt eine für alle t konvergente Reihenentwicklung zur Verfügung:

Satz 3. *Die Fundamentalmatrix ist gegeben durch*

$$\Phi(t) = I + tA + \frac{t^2}{2!}A^2 + \frac{t^3}{3!}A^3 + \frac{t^4}{4!}A^4 + \dots$$
$$=: e^{tA} \, .$$

⌐   Hat $\Phi(t)$ die angegebene Form, so ist

$$\dot{\Phi}(t) = A + \frac{t}{1!}A^2 + \frac{t^2}{2!}A^3 + \frac{t^3}{3!}A^4 + \dots$$
$$= A\, \Phi(t) \, .$$

Betrachte jetzt die Funktion

$$x(t) := \Phi(t)\, x^0$$

(vgl. (8)). Dann ist erstens

$$x(0) = \Phi(0)\, x^0 = I\, x^0 = x^0,$$

und zweitens gilt für alle $t \in \mathbb{R}$:

$$\dot{x}(t) = \dot{\Phi}(t)\, x^0 = A\, \Phi(t)\, x^0 = A\, x(t)\,.$$

Folglich leistet die angegebene Matrix genau das Verlangte. ⌟

Zum Schluss notieren wir ohne Beweis:

Satz 4. *Genügt A den Voraussetzungen von Satz 2, so ist*

$$\Phi(t) = e^{tA} = V \cdot \operatorname{diag}(e^{\lambda_1 t}, e^{\lambda_2 t}, \ldots, e^{\lambda_n t}) \cdot V^{-1};$$

dabei bezeichnet V die Matrix (5).

12. Quadratische Formen, Hauptachsentransformation

12.1. Definitionen

Ein homogenes Polynom $q(\cdot)$ zweiten Grades in den Koordinatenvariablen x, y, ... oder x_1, ..., x_n, gemeint ist: die zugrundeliegende Funktion

$$q(\cdot): \mathbf{R}^n \to \mathbf{R},$$

heisst eine *quadratische Form*. Quadratische Formen treten zum Beispiel auf

— bei der analytischen Beschreibung von Kegelschnitten und Flächen zweiten Grades,

— bei der Analyse von kritischen Punkten (das heisst: potentiellen Extremalstellen) von Funktionen mehrer Variablen,

— in der Mechanik (Spannungszustände, Trägheitsmomente u.a.).

¶1. Hier sind zwei Beispiele von quadratischen Formen in Koordinatenvariablen x, y, z bzw. x, y:

$$q(x,y,z) := 3x^2 - 6xy + 8xz + y^2 - 3yz + 2z^2,$$
$$\tilde{q}(x,y) := 2xy. \qquad \P$$

Eine quadratische Form hat potentiell n reinquadratische Terme und $\binom{n}{2}$ gemischte Terme. Es ist aber vorteilhafter, von Anfang an die gemischten Terme in zwei Hälften aufzuteilen und die quadratische Form mit n^2 Termen der Form $q_{ik}x_i x_k$ vorzusehen; dabei ist $Q = [\,q_{ik}\,]$ eine symmetrische Matrix:

$$q(x) = \sum_{i,k=1}^{n} q_{ik} x_i x_k \, .$$

Die Evaluierung von $q(\cdot)$ an einer gegebenen Stelle x lässt sich dann als Matrizenprodukt darstellen:

$$q(x) = x' Q x \, . \tag{1}$$

Die quadratische Form heisst *positiv (negativ) definit*, wenn gilt:

$$q(x) > 0 \qquad (< 0) \qquad \forall x \neq 0,$$

positiv (negativ) semidefinit, wenn gilt:

$$q(x) \geq 0 \qquad (\leq 0) \qquad \forall x$$

und *indefinit*, wenn sie sowohl positive wie negative Werte annimmt.

¶2. Die Form

$$q_*(x) := |x|^2 \qquad (x \in \mathbf{R}^n)$$

ist positiv definit. Die nachstehenden Formen in den Variablen x, y, z sind wie angegeben:

$q_1(x, y, z) := x^2 + 2(x - y)^2 + 3(x + y - z)^2$ positiv definit

$q_2(x, y, z) := (x + y + z)^2$ semidefinit $(q(1, 1, -2) = 0)$

$q_3(x, y, z) := 2xy + z^2$ indefinit

¶

12.2. Trägheitssatz

Als Funktion $q(\cdot) : \mathbf{R}^n \to \mathbf{R}$ ist eine gegebene quadratische Form wohlbestimmt. Der konkrete Ausdruck von $q(\cdot)$ in den Variablen $x_1, \ldots, x_n$ bzw. $\bar{x}_1, \ldots, \bar{x}_n$, d.h. letzten Endes die Matrix Q, ist aber koordinatenabhängig. Die Matrix Q verändert sich beim Übergang zu neuen Koordinaten in charakteristischer Weise, gemeint ist: nach einem bestimmten Transformationsgesetz, nämlich:

$$\bar{Q} = T' Q T; \tag{2}$$

dabei stellt T die Transformationsmatrix alte Basis $\to$ neue Basis dar (Beweis mit Hilfe von (1) und Satz 4.1 bzw. 4.2). Dies ermöglicht, eine gegebene quadratische Form durch Wahl der richtigen Koordinaten auf eine Normalform zu bringen, an der die qualitativen Eigenschaften von $q(\cdot)$ ohne weiteres abgelesen werden können. In der Normalform besitzt $q(\cdot)$ nur noch reinquadratische Terme mit Koeffizienten ± 1:

Satz 1. *Eine quadratische Form* $q(\cdot) : \mathbf{R} \to \mathbf{R}$,

$$q(x) = \sum_{i,k=1}^{n} q_{ik} x_i x_k \tag{3}$$

lässt sich in geeigneten (schiefwinkligen) Koordinaten $(\bar{x}_1, \ldots, \bar{x}_n)$ auf die Form

$$q(x) = \bar{x}_1^2 + \ldots + \bar{x}_r^2 - \bar{x}_{r+1}^2 - \ldots - \bar{x}_{r+s}^2 \tag{4}$$

bringen. Die Zahlen r und s sind eindeutig bestimmt.

Die Anzahl r der positiven Summanden in (4) heisst *Index* von $q(\cdot)$; die Summe $r + s$ ($\leq n$) ist der *Rang* und die Differenz $r - s$ die *Signatur*. In den neuen Koordinaten $(\bar{x}_1, \ldots, \bar{x}_n)$ hat die Matrix von $q(\cdot)$ folgende Gestalt:

$$\bar{Q} = \begin{bmatrix} 1 & & & & & & \\ & \ddots & & & & & \\ & & 1 & & & & \\ & & & -1 & & & \\ & & & & \ddots & & \\ & & & & & -1 & \\ & & & & & & 0 & \\ & & & & & & & \ddots \\ & & & & & & & & 0 \end{bmatrix} .$$

Man sieht: Die Form $q(\cdot)$ ist genau dann positiv bzw. negativ definit, wenn $r = n$ bzw. $s = n$ ist. — Satz 1 ist der sogenannte *Trägheitssatz*.

⌐   Die gegebene Form (2) wird mit Hilfe quadratischer Ergänzung rekursiv reduziert. Es sei z.B. $q_{11} \neq 0$. Dann können wir schreiben:

$$q(x) = q_{11}x_1^2 + 2x_1 \sum_{k=2}^{n} q_{1k}x_k + \sum_{i,k=2}^{n} q_{ik}x_i x_k$$

$$= q_{11}\left(x_1 + \sum_{k=2}^{n} \frac{q_{1k}}{q_{11}}x_k\right)^2 - \sum_{i,k=2}^{n} \frac{q_{1i}q_{1k}}{q_{11}}x_i x_k + \sum_{i,k=2}^{n} q_{ik}x_i x_k \ .$$

Setzen wir jetzt

$$\bar{x}_1 := \sqrt{|q_{11}|}\left(x_1 + \sum_{k=2}^{n} \frac{q_{1k}}{q_{11}}x_k\right),$$

so wird

$$q(x) = \operatorname{sgn} q_{11} \ \bar{x}_1^2 + \sum_{i,k=2}^{n} \left(q_{ik} - \frac{q_{1i}q_{1k}}{q_{11}}\right) x_i x_k.$$

Mit der Summe rechter Hand (die nur noch die Variablen $x_2, \ldots, x_n$ enthält) wird in analoger Weise weitergefahren, usf. Steht einmal kein $q_{ii} \neq 0$ zur Verfügung, so kann die entstehende Pattsituation mit Hilfe von

$$\bar{x}_1 := \frac{1}{2}(x_1 + x_2)\,, \quad \bar{x}_2 := \frac{1}{2}(x_1 - x_2)$$

(dann ist $x_1 x_2 = \bar{x}_1^2 - \bar{x}_2^2$) aufgebrochen werden. Wir gehen darauf nicht ein.

Hat $q(\cdot)$ in den Koordinaten $(\bar{x}_1, \ldots, \bar{x}_n)$ die Form (4) und in geeigneten anderen Koordinaten $(x_1', \ldots, x_n')$ die Form

$$q(x) = x_1'^2 + \ldots + x_{r'}'^2 - x_{r'+1}'^2 - \ldots - x_{r'+s'}'^2\,,$$

so ist z.B. $q(x) \leq 0$ für alle x in

$$U := \langle \bar{e}_{r+1}, \ldots, \bar{e}_n \rangle$$

und $q(x) > 0$ für alle $x \neq 0$ in

$$V := \langle e_1', \ldots, e_{r'}' \rangle.$$

Hieraus folgt $U \cap V = \{0\}$ und somit

$$(n - r) + r' = \dim U + \dim V \leq n,$$

d.h. $r' \leq r$. Aus Symmetriegründen ist dann $r' = r$ und auch $s' = s$. ⌐

¶1 (Forts.). Wendet man das beim Beweis von Satz 1 benützte Verfahren auf $q(x, y, z)$ an, so erhält man nacheinander:

$$q(x, y, z) = 3(x - y + \frac{4}{3}z)^2 - 3(y - \frac{4}{3}z)^2 + y^2 - 3yz + 2z^2$$

$$=: 3(x - y + \frac{4}{3}z)^2 + q_1(y, z)\,,$$

$$q_1(y, z) = -2y^2 + 5yz + (-\frac{16}{3} + 2)z^2$$

$$= -2(y - \frac{5}{4}z)^2 + (\frac{25}{8} - \frac{10}{3})z^2\,.$$

Setzt man also

$$\left.\begin{array}{llll} \bar{x} := & \sqrt{3} & (x & - & y & + & \frac{4}{3}z) \\ \bar{y} := & \sqrt{2} & & & (y & - & \frac{5}{4}z) \\ \bar{z} := & \sqrt{\frac{5}{24}} & & & & & z \end{array}\right\}\,, \qquad (5)$$

so wird

$$q(\bar{x}, \bar{y}, \bar{z}) = \bar{x}^2 - \bar{y}^2 - \bar{z}^2.$$

An (5) lässt sich übrigens direkt die (Inverse der) Transformationsmatrix ablesen. Man hat (vgl. Satz 4.2)

$$T^{-1} = \begin{bmatrix} \sqrt{3} & -\sqrt{3} & \frac{4}{3}\sqrt{3} \\ 0 & \sqrt{2} & -\frac{5}{4}\sqrt{2} \\ 0 & 0 & \sqrt{\frac{5}{24}} \end{bmatrix}.$$

¶

12.3. Hauptachsentransformation

Die Reduktion einer quadratischen Form (2) auf Normalform (4) erfordert
an sich keine Eigenwertberechnung. Die zugehörige neue Basis ist allerdings
schiefwinklig. Was lässt sich erreichen, wenn die neue Basis wieder orthonormiert sein soll?

Die Matrix $Q = [\, q_{ik} \,]$ unserer quadratischen Form ist symmetrisch. Nach
Satz 10.4 sind folglich alle Eigenwerte λ_j von Q reell, und es gibt eine orthogonale Matrix T mit

$$Q = T \cdot \mathrm{diag}\,(\lambda_1, \lambda_2, \ldots, \lambda_n) \cdot T'.$$

Dies ist äquivalent mit

$$T'QT = \mathrm{diag}\,(\lambda_1, \lambda_2, \ldots, \lambda_n).$$

Mit Rücksicht auf (2) können wir daher folgendes sagen: Interpretiert man
T als Transformationsmatrix zu einer neuen Basis $(\bar{e}_1, \ldots, \bar{e}_n)$, so erhält die
Matrix der quadratischen Form $q(\cdot)$ Diagonalform. Die hier auftretenden $\bar{e}_j$
sind Eigenvektoren der Matrix Q. Damit haben wir den folgenden Satz über
die sogenannte *Hauptachsentransformation* bewiesen:

Satz 2. *Es sei*

$$q(x) \;=\; \sum_{i,k=1}^{n} q_{ik} x_i x_k$$

*eine reelle quadratische Form; weiter seien $\lambda_1, \ldots, \lambda_n$ die Eigenwerte der Matrix
Q und $(\bar{e}_1, \ldots, \bar{e}_n)$ eine zugehörige orthonormierte Basis von Eigenvektoren.
Dann besitzt $q(\cdot)$ in den neuen Koordinaten $(\bar{x}_1, \ldots, \bar{x}_n)$ die Gestalt*

$$q(x) \;=\; \lambda_1 \bar{x}_1^2 + \lambda_2 \bar{x}_2^2 + \ldots + \lambda_n \bar{x}_n^2.$$

¶1 (Forts.). Es soll die Fläche $\mathcal{S} \subset \mathbb{R}^3$ mit der Gleichung $q(x, y, z) = 1$, d.h.

$$3x^2 - 6xy + 8xz + y^2 - 3yz + 2z^2 = 1,$$

untersucht werden. Die zu $q(\cdot)$ gehörige Matrix

$$Q = \begin{bmatrix} 3 & -3 & 4 \\ -3 & 1 & -\frac{3}{2} \\ 4 & -\frac{3}{2} & 2 \end{bmatrix}$$

besitzt die (mit *MATLAB* berechneten) Eigenwerte

$$\lambda_1 = -1.9611, \; \lambda_2 = -0.0793, \; \lambda_3 = 8.0404.$$

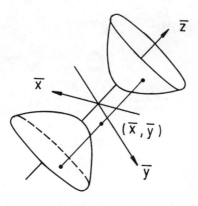

Fig. 12.1

Wir können damit folgendes sagen: Die Fläche S besitzt in geeigneten recht-winkligen Koordinaten $(\bar{x}, \bar{y}, \bar{z})$ die Gleichung

$$-1.9611\bar{x}^2 - 0.0793\bar{y}^2 + 8.0404\bar{z}^2 = 1,$$

d.h.

$$\bar{z} = \pm \frac{1}{8.0404} \sqrt{1 + 1.9611\bar{x}^2 + 0.0793\bar{y}^2},$$

und erweist sich damit als zweischaliges Hyperboloid (Fig. 12.1). Die normier-ten Eigenvektoren zu $\lambda_1, \lambda_2, \lambda_3$ sind die neuen Basisvektoren $\bar{e}_1, \bar{e}_2, \bar{e}_3$. Sie werden von *MATLAB* ebenfalls geliefert und erscheinen als Kolonnenvektoren der Transformationsmatrix

$$T = \begin{bmatrix} -0.7097 & 0.0196 & 0.7042 \\ -0.4405 & -0.7925 & -0.4218 \\ 0.5499 & -0.6095 & 0.5711 \end{bmatrix}.$$

¶

13. Unitäre Räume

13.1. Definitionen

Hiermit treten wir definitiv in die Welt des Komplexen ein. Die komplexen Zahlen erscheinen nicht nur als mehr oder weniger lästige Lösungen von irgendwelchen charakteristischen Gleichungen, sondern schon der 'Grundkörper" ist $\mathbb{C}$ (anstelle von $\mathbb{R}$); das heisst: Alle Koordinatenvariablen, die Elemente der auftretenden Matrizen usw. sind grundsätzlich komplexe Variablen bzw. Zahlen. — Die komplexe Konjugation bezeichnen wir im folgenden durch Überstreichung: $\overline{\mu + i\nu} := \mu - i\nu$.

Unitäre Räume sind komplexe Vektorräume, die mit einem komplexen Skalarprodukt ausgerüstet sind. Standardmodell ist der Raum

$$\mathbb{C}^n := \{x = (x_1, \ldots, x_n) \,|\, x_k \in \mathbb{C} \ (1 \le k \le n)\}$$

mit dem "natürlichen" Skalarprodukt

$$\langle x|y \rangle := \bar{x}_1 y_1 + \bar{x}_2 y_2 + \ldots + \bar{x}_n y_n$$
$$= \sum_{k=1}^{n} \bar{x}_k y_k. \tag{1}$$

Leider gibt es hierfür keine passende reelle geometrische Veranschaulichung. Man hilft sich so, dass man sich im stillen $\mathbb{R}^3$ mit dem gewöhnlichen Skalarprodukt vorstellt.

Ist $\langle x|y \rangle = 0$, so heissen x und y zueinander *orthogonal*. Die speziellen Produkte

$$\langle x|x \rangle = \sum_{k=1}^{n} \bar{x}_k x_k = \sum_{k=1}^{n} |x_k|^2$$

sind reell und für $x \ne 0$ positiv. Man nennt

$$\|x\| := \sqrt{\langle x|x \rangle} \tag{2}$$

den *absoluten Betrag* oder die *Norm* des Vektors x.

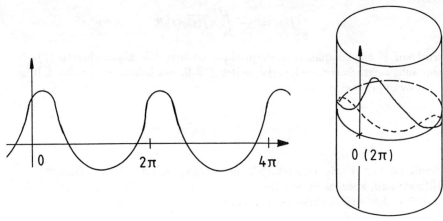

Fig. 13.1

Es ist ziemlich klar, dass die Funktion $\langle \cdot \,|\, , \cdot \rangle$ den folgenden Rechenregeln gehorcht:

$$\langle x|y + z \rangle = \langle x|y \rangle + \langle x|z \rangle, \quad \ldots, \tag{3}$$

$$\left. \begin{array}{l} \langle x|\lambda y \rangle = \lambda \langle x|y \rangle \\ \langle \lambda x|y \rangle = \bar{\lambda} \langle x|y \rangle \end{array} \right\} \quad (\lambda \in \mathbb{C}), \tag{4}$$

$$\langle y|x \rangle = \overline{\langle x|y \rangle}, \tag{5}$$

und, wie gesagt,

$$\langle x|x \rangle > 0 \quad (x \neq 0). \tag{6}$$

Allgemein: Ein endlich- oder unendlichdimensionaler komplexer Vektorraum V mit einem Skalarprodukt

$$\langle \cdot | \cdot \rangle : \quad V \times V \to \mathbb{C},$$

das den Axiomen (3)–(6) genügt, heisst ein *unitärer Raum*. In einem unitären Raum hat man eine Norm (2) und in der Folge eine natürliche Abstandsmessung

$$d(x,y) := \|x - y\|$$

(wie im Reellen!). Ist V bezüglich dieser Metrik "vollständig" (*whatever that means*; es spielt ohnehin nur im unendlichdimensionalen Fall eine Rolle), so nennt man V einen *Hilbertraum*.

¶1. Es sei $V := C^\infty(\mathbb{R}/2\pi, \mathbb{C})$ der Raum der beliebig oft differenzierbaren Funktionen auf der "Kreislinie" $\mathbb{R}/2\pi$ oder, was dasselbe ist: der Raum der 2π-periodischen C^∞-Funktionen $f : \mathbb{R} \to \mathbb{C}$ (Fig. 13.1).

Durch

$$\langle f|g \rangle := \frac{1}{2\pi} \int_0^{2\pi} \overline{f(t)}g(t)dt$$

wird auf V ein komplexes Skalarprodukt erklärt: Die Eigenschaften (3)–(5) sind offensichtlich vorhanden. Ist weiter $f \neq 0$, das heisst: $f(t)$ nicht $\equiv 0$, so ist notwendigerweise

$$\|f\|^2 = \frac{1}{2\pi} \int_0^{2\pi} |f(t)|^2 dt > 0.$$

Somit ist nun V ein (unendlichdimensionaler) unitärer Raum (jedoch kein Hilbertraum, aber lassen wir das).

Beispiele von Funktionen in V sind

$$(t \mapsto) \qquad \cos t, \quad \sin t, \quad \frac{\cos(2t)}{2 + \cos(5t)}$$

und natürlich die Funktionen

$$e_k(t) := e^{ikt} \qquad (k \in \mathbf{Z}). \tag{7}$$

Wir berechnen die Skalarprodukte $\langle e_j|e_k \rangle$: Zunächst erhält man für jedes einzelne k:

$$\langle e_k|e_k \rangle = \frac{1}{2\pi} \int_0^{2\pi} |e^{ikt}|^2 dt = \frac{1}{2\pi} \int_0^{2\pi} 1\, dt = 1.$$

Ist weiter $j \neq k$, so ergibt sich nacheinander

$$\langle e_j|e_k \rangle = \frac{1}{2\pi} \int_0^{2\pi} \overline{e^{ijt}}e^{ikt} dt = \frac{1}{2\pi} \int_0^{2\pi} e^{i(k-j)t} dt$$

$$= \frac{1}{2\pi} \frac{1}{i(k-j)} e^{i(k-j)t} \Big|_0^{2\pi} = 0.$$

Zusammengefasst haben wir

$$\langle e_j|e_k \rangle = \delta_{jk} \qquad (j, k \in \mathbf{Z});$$

das Funktionensystem $(e_k(\cdot))_{k \in \mathbf{Z}}$ hat also den Charakter einer "orthonormalen Basis" von V.   ¶

Wir kehren zurück zum endlichdimensionalen Fall und notieren vorweg

Satz 1. *Jeder endlichdimensionale unitäre Raum V besitzt orthonormale Basen. Sind* $(x_1, \ldots, x_n)$ *zu einer orthonormalen Basis gehörige Koordinaten, so erscheint V als Standardmodell* $\mathbb{C}^n$ *mit Skalarprodukt (1).*

⌐ V besitzt jedenfalls eine Basis $(v^{(1)}, \ldots, v^{(n)})$. Hieraus lässt sich mit Hilfe des Gram-Schmidt-Prozesses rekursiv eine orthonormale Basis $(e_1, \ldots, e_n)$ konstruieren.

Es sei $(e_1, \ldots, e_n)$ eine beliebige orthonormale Basis. Dann gilt aufgrund von (3) und (4):

$$\langle x|y \rangle = \langle \sum_{j=1}^{n} x_j e_j \mid \sum_{k=1}^{n} y_k e_k \rangle$$

$$= \sum_{j,k} \bar{x}_j y_k \langle e_j | e_k \rangle = \sum_{j,k} \bar{x}_j y_k \, \delta_{jk}$$

$$= \sum_{k=1}^{n} \bar{x}_k y_k \; . \qquad \rfloor$$

13.2. Operatoren

Von nun an lassen wir nur noch orthonormale Basen zu. Wir denken uns eine derartige Basis $(e_1, \ldots, e_n)$ in dem unitären Raum V ein für allemal festgelegt und dürfen dann eine lineare Abbildung $A : V \to V$ (im vorliegenden Zusammenhang auch *linearer Operator* genannt) und die zugehörige Matrix mit demselben Symbol A bezeichnen.

In diesem Kapitel geht es nämlich in erster Linie um die "Feinstruktur" von gewissen linearen Abbildungen (Operatoren) $A : V \to V$. Was in den Kapiteln 9 und 10 dazu gesagt wurde, gilt natürlich immer noch. Mit dem Skalarprodukt haben wir aber ein zusätzliches Strukturelement, das diejenigen Operatoren auszeichnet, die es in dem einen oder anderen Sinn "respektieren".

Es sei also $A : V \to V$ ein linearer Operator. A besitzt in der Menge der Operatoren ein "Spiegelbild" A^*, das mit A durch die Identität

$$\langle A^* x | y \rangle = \langle x | A^* y \rangle \qquad (x, y \in V) \tag{8}$$

verknüpft ist. Man nennt A^* den zu A *adjungierten Operator.* Wir beweisen darüber:

Satz 2.

(a) $\text{elm}_{ik}(A^*) = \overline{\text{elm}_{ki}(A)}$ (transponiert + komplex konjugiert),

(b) $(\lambda A)^* = \overline{\lambda} A^*$,

(c) $(A B)^* = B^* A^*$,

(d) $A^{**} = A$.

¶2.

$$A := \begin{bmatrix} 2+i & 3-i & e^{i\alpha} \\ 2 & -1 & \cos\alpha \\ 1 & i & i\sin\alpha \end{bmatrix} \quad \Longrightarrow \quad A^* = \begin{bmatrix} 2-i & 2 & 1 \\ 3+i & -1 & -i \\ e^{-i\alpha} & \cos\alpha & -i\sin\alpha \end{bmatrix}$$

¶

⌐ (a): Wir verifizieren zunächst die folgende Rechenregel für die Koordinaten eines Vektors x:

$$x_j = \langle e_j | x \rangle \qquad (1 \le j \le n).$$

Es gilt nämlich

$$\langle e_j | x \rangle = \langle e_j | \sum_{k=1}^{n} x_k e_k \rangle = \sum_{k=1}^{n} x_k \langle e_j | e_k \rangle = x_j.$$

Nach Definition (9.4) der Abbildungsmatrix hat man daher nacheinander

$$\text{elm}_{ik}(A^*) = (A^* e_k)_i = \langle e_i | A^* e_k \rangle = \langle A e_i | e_k \rangle$$
$$= \overline{\langle e_k | A e_i \rangle} = \overline{\text{elm}_{ki}(A)}.$$

(c): Aus $A^* = \overline{A'}$ folgt

$$(AB)^* = \overline{(AB)'} = \overline{B'A'} = \overline{B'}\,\overline{A'} = B^* A^*.$$

Der Rest ist klar.   ⌐

Wir definieren die folgenden speziellen Klassen von Operatoren bzw. Matrizen: Ein linearer Operator $A : V \to V$ bzw. eine $(n \times n)$-Matrix A heisst

(a) *selbstadjungiert*, falls $A = A^*$,

(b) *unitär*, falls $A^* A = A A^* = I$,

(c) *normal*, falls $A^* A = A A^*$.

Die Eigenschaft $A = A^*$ ist äquivalent mit der Identität

$$\langle Ax|y\rangle \equiv \langle x|Ay\rangle \qquad (x,y \in V) \tag{9}$$

(vgl. (10.6)!), die sich leider nicht intuitiv geometrisch interpretieren lässt. Es ist einfach ein *fact of life*, dass viele in der Praxis auftretende Operatoren selbstadjungiert sind. Ein unitärer Operator T hingegen hat die einleuchtende Eigenschaft, dass er das Skalarprodukt und damit auch die Abstände invariant lässt: Für alle $x, y \in V$ gilt

$$\langle Tx|Ty\rangle = \langle T^*Tx|y\rangle = \langle x|y\rangle. \tag{10}$$

Ein unitärer Operator lässt sich daher als eine Art "Drehung" von V auffassen.

¶1 (Forts.). Wir zeigen: Der Operator

$$A : V \to V, \quad f \mapsto \frac{1}{i}\dot{f}$$

ist selbstadjungiert. Für beliebige $f, g \in V$ gilt nämlich

$$
\begin{aligned}
\langle Af|g\rangle &= \frac{1}{2\pi}\int_0^{2\pi} \overline{\frac{1}{i}\dot{f}(t)}\, g(t)\, dt \\
&= \frac{1}{2\pi}\left[\overline{\frac{1}{i}f(t)}\, g(t)\Big|_0^{2\pi} - \int_0^{2\pi} \overline{\frac{1}{i}f(t)}\, \dot{g}(t)\, dt \right] \\
&= \frac{1}{2\pi}\int_0^{2\pi} \overline{f(t)}\frac{1}{i}\, \dot{g}(t)\, dt \\
&= \langle f|Ag\rangle,
\end{aligned}
$$

wie nach (9) erforderlich. — Betrachte anderseits den Operator $T : V \to V$, definiert durch

$$Tf(t) := -\frac{1}{2}f(t) + \frac{i}{2}\sqrt{3}f(-t) \qquad (t \in \mathbb{R}/2\pi).$$

Dieses T ist unitär. Es mag genügen, zu beweisen, dass für alle $f \in V$ gilt: $\|Tf\|^2 = \|f\|^2$, wobei beide Seiten dieser Gleichung von vorneherein reell sind. Also:

$$
\begin{aligned}
\|Tf\|^2 &= \frac{1}{2\pi}\int_{-\pi}^{\pi} \overline{\left(-\frac{1}{2}f(t) + \frac{i}{2}\sqrt{3}f(-t)\right)}\left(-\frac{1}{2}f(t) + \frac{i}{2}\sqrt{3}f(-t)\right) dt \\
&= \frac{1}{2\pi}\int_{-\pi}^{\pi}\left(\frac{1}{4}\overline{f(t)}f(t) + \frac{3}{4}\overline{f(-t)}f(-t)\right) dt \; + \; i\cdot 0 \\
&= \left(\frac{1}{4} + \frac{3}{4}\right)\|f\|^2 \; = \; \|f\|^2 . \qquad\qquad ¶
\end{aligned}
$$

Selbstadjungierte wie unitäre Operatoren sind normal und fallen damit in den Wirkungsbereich des folgenden

Lemma 2. *Es sei V ein unitärer Raum und $A : V \to V$ ein normaler Operator. Dann gilt*

(a) $$Ae = \lambda e \iff A^* e = \bar{\lambda} e;$$

das heisst: A und A^* besitzen dieselben Eigenvektoren.

(b) Ist e ein Eigenvektor von A, so ist dessen orthogonales Komplement U ein invarianter Unterraum von A.

(c) Zu verschiedenen Eigenwerten gehörende Eigenvektoren stehen aufeinander senkrecht.

$\ulcorner$ (a): Ist B normal, so gilt für alle $x \in V$:

$$\langle Bx | Bx \rangle = \langle B^* B\, x | x \rangle = \langle BB^*\, x | x \rangle$$
$$= \langle B^* x | B^* x \rangle.$$

Wenden wir das auf den normalen Operator $B := A - \lambda I$ und das zugehörige $B^* := A^* - \bar{\lambda} I$ an, so ergibt sich

$$\| Ax - \lambda x \|^2 = \| A^* x - \bar{\lambda} x \|^2.$$

(b): Nach (a) ist $A^* e = \bar{\lambda} e$. Damit hat man für beliebiges $y \in U$:

$$\langle Ay | e \rangle = \langle y | A^* e \rangle = \bar{\lambda} \langle y | e \rangle = 0;$$

folglich ist dann auch $Ay \in U$.

(c): Es sei $Ae_1 = \lambda_1 e_1, Ae_2 = \lambda_2 e_2$. Dann gilt wegen (a) und (8):

$$(\lambda_1 - \lambda_2)\langle e_1 | e_2 \rangle = \langle \bar{\lambda}_1 e_1 | e_2 \rangle - \langle e_1 | \lambda_2 e_2 \rangle$$
$$= \langle A_1^* e_1 | e_2 \rangle - \langle e_1 | Ae_2 \rangle$$
$$= 0 \,.$$

$\lrcorner$

12.3. Spektralsätze

Wir kommen damit zu den berühmten *Spektralsätzen* für selbstadjungierte bzw. für unitäre Operatoren.

Satz 3. *Es sei V ein endlichdimensionaler unitärer Raum und $A : V \to V$ ein selbstadjungierter Operator. Dann gilt:*

(a) *Alle Eigenwerte λ_j von A sind reell.*

(b) *Es gibt eine orthonormale Basis von V, die A diagonalisiert: Bezüglich dieser Basis besitzt A die Matrix*

$$[A] = \mathrm{diag}\,(\lambda_1, \lambda_2, \ldots, \lambda_n).$$

⌐ Die Behauptung (a) folgt unmittelbar aus Lemma 2(a) und $A = A^*$. —
(b): Eine orthonormale Eigenbasis lässt sich mit Hilfe von Lemma 2(b) rekursiv konstruieren; vgl. den Beweis von Satz 10.3(c).   ⌐

Satz 3 ist äquivalent zu dem folgenden Satz über selbstadjungierte Matrizen:

Satz 4. *Es sei A eine selbstadjungierte $(n \times n)$-Matrix. Dann gilt:*

(a) *Alle Eigenwerte λ_j von A sind reell.*

(b) *Es gibt eine unitäre $(n \times n)$-Matrix T mit*

$$A = T \cdot \mathrm{diag}(\lambda_1, \lambda_2, \ldots, \lambda_n) \cdot T^*.$$

⌐ Die zum Basiswechsel Ausgangsbasis → Eigenbasis gehörige Transformationsmatrix T ist unitär (vgl. Satz 4.3), das heisst, es ist $T^{-1} = T^*$. Nach Satz 9.8 gilt daher

$$\mathrm{diag}(\lambda_1, \ldots, \lambda_n) = T^* A T,$$

und dies ist äquivalent mit der Behauptung.   ⌐

Satz 5. *Es sei V ein endlichdimensionaler unitärer Raum und $T : V \to V$ ein unitärer Operator. Dann gilt:*

(a) *Alle Eigenwerte λ_j von T besitzen den Betrag 1:*

$$\lambda_j = e^{i\alpha_j} \qquad (1 \le j \le n).$$

(b) *Es gibt eine orthonormale Basis von V, die T diagonalisiert. Bezüglich dieser Basis besitzt T die Matrix*

$$[T] = \mathrm{diag}(e^{i\alpha_1}, e^{i\alpha_2}, \ldots, e^{i\alpha_n}).$$

⌐ (a): Ist λ Eigenwert, so gibt es einen Vektor $e \neq 0$ mit $Te = \lambda e$. Hieraus folgt mit (10):

$$|\lambda|\,|e| = |\lambda e| = |Te| = |e|,$$

also $|\lambda| = 1$. — Die Behauptung (b) wird wie Satz 3(b) bewiesen. ⌟

¶1 (Forts.). Wir bestimmen die Wirkung von A und von T auf die in (7) definierten Vektoren e_k $(k \in \mathbf{Z})$:

In der "Funktionensprache" haben wir

$$Ae_k(t) = \frac{1}{i} \frac{d}{dt} e^{ikt} = ke^{ikt} = ke_k(t),$$

und das heisst in der "Vektorsprache":

$$Ae_k = k\,e_k \qquad (k \in \mathbf{Z}). \tag{11}$$

Die Funktionen $e_k(\cdot)$ sind demnach Eigenvektoren oder eben *Eigenfunktionen* von A. Der zu e_k gehörige Eigenwert ist die reelle Zahl k. Was T betrifft, so hat man

$$Te_k(t) = -\frac{1}{2}e^{ikt} + \frac{i}{2}\sqrt{3}e^{-ikt}$$

$$= -\frac{1}{2}e_k(t) + \frac{i}{2}\sqrt{3}e_{-k}(t)$$

und folglich

$$Te_k = -\frac{1}{2}e_k + \frac{i}{2}\sqrt{3}\,e_{-k} \qquad (k \in \mathbf{Z}). \tag{12}$$

Für $k = 0$ ergibt sich speziell

$$Te_0 = \omega\,e_0$$

mit

$$\omega := -\frac{1}{2} + \frac{i}{2}\sqrt{3} = e^{2\pi i/3}$$

(Fig. 13.2); somit ist jedenfalls die konstante Funktion $e_0(t) := 1$ eine Eigenfunktion von T.

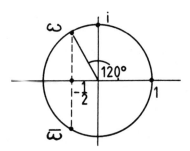

Fig. 13.2

Die Sätze 3 und 5 beziehen sich auf eine endlichdimensionale Situation. Um eine derartige Situation herzustellen, schränken wir unsere Betrachtungen von jetzt ab willkürlich ein auf den fünfdimensionalen Unterraum

$$W := \langle e_0, e_1, e_{-1}, e_2, e_{-2} \rangle \subset V$$

der trigonometrischen Polynome vom Grad ≤ 2. Hierzu gehören zum Beispiel die Funktionen

$$(t \mapsto) \qquad \cos t, \quad e^{it} + ie^{-2it}, \quad 1 + \sin t + \sin^2 t,$$
$$\cos(2t) - \sin t, \quad \ldots \quad .$$

Aus (11) und (12) folgt, dass sowohl A wie T diesen Raum in sich überführen. Bezüglich der orthonormalen Basis $(e_0, e_1, e_{-1}, e_2, e_{-2})$ von W besitzt A nach (11) die Matrix

$$[A] = \mathrm{diag}(0, 1, -1, 2, -2),$$

und das ist schon die vom Spektralsatz für A in Aussicht gestellte Diagonalform.

Aus (12) ergibt sich für T bezüglich derselben Basis die Matrix

$$T = \begin{bmatrix} \omega & & & & \\ & -\frac{1}{2} & \frac{i}{2}\sqrt{3} & & \\ & \frac{i}{2}\sqrt{3} & -\frac{1}{2} & & \\ & & & -\frac{1}{2} & \frac{i}{2}\sqrt{3} \\ & & & \frac{i}{2}\sqrt{3} & -\frac{1}{2} \end{bmatrix}, \qquad (13)$$

die angenehmer Weise schon in drei Kästchen, davon zwei gleiche, zerfällt. Die Eigenwerte von T sind die zusammengelegten Eigenwerte der einzelnen Kästchen. Wir berechnen also die Nullstellen des Polynoms

$$\det \begin{bmatrix} -\frac{1}{2} - \lambda & \frac{i}{2}\sqrt{3} \\ \frac{i}{2}\sqrt{3} & -\frac{1}{2} - \lambda \end{bmatrix} = \lambda^2 + \lambda + 1$$

und finden

$$\lambda_1 = \omega, \quad \lambda_2 = \bar{\omega}.$$

Demnach besitzt T die Eigenwerte ω (dreifach) und $\bar{\omega}$ (zweifach). Nach Satz 5 nimmt T bezüglich einer geeigneten orthonormalen Basis $(e_0, f_1, g_1, f_2, g_2)$ von W die folgende Diagonalgestalt an:

$$[T] = \mathrm{diag}(\omega, \omega, \bar{\omega}, \omega, \bar{\omega}).$$

Die Eigenvektoren (bzw. -funktionen) f_1, g_1, f_2, g_2 werden bestimmt, wie in Kapitel 10 besprochen. Dabei kann man natürlich jedes Kästchen von (13) für sich behandeln. Wir überlassen die Einzelheiten dem Leser. ¶

Sachverzeichnis